Combustion & Energy

# 연소와 에너지

전영남 지음

청문각

산업의 급속한 발달과 삶의 질 향상으로 인해 에너지 사용량의 증대와 깨끗한 환경에 대한 요구가 증대되고 있다. 이로 인해 화석연료의 저공해 완전연소와 폐기물의 소각, 열분해 등과 같은 열에너지 전환 처리기술의 이해와 개발에 대한 필요성이 점차 증가되고 있다.

본 교재는 저자가 연소와 공해 그리고 저탄소 에너지 기술에 대한 강의를 해오면서 관련 분야의 학부생들을 위한 교재의 필요성을 느껴 집필하게 되었다. 교재 내용은 크게 화석연료 연소와 폐기물 에너지 전환 두 경우로 구분되었다.

〈화석연료 연소〉는 제1장부터 제3장까지 구성되어 있다. 제1장에서는 화석연료의 종류와 각각에 대한 특성에 대해 기술하였고, 제2장에서는 연소기초이론과 연료타입별 연소장치를 언급하였고, 제3장에서는 연료 종류에 따른 연소계산 방법에 대해 다루었다.

〈폐기물 에너지 전환〉은 제4장부터 제12장까지 구성되어 있다. 제4장에서는 폐기물의 종류와 특성에 대해서 언급하였고, 제5장에서는 폐기물 소각이론에 대한 내용을 설명하였다. 제6장에서는 중앙집중식 폐기물 소각처리 시스템을 소개하고, 제7장에서는 도시고형 폐기물의 소각장치와 저공해 소각 시스템에 대하여 포괄적으로 설명하였다. 제8장에서는 하폐수 처리장에서 발생되는 슬러지나 스컴의 소각처리, 제9장에서는 사업장 등에서 발생될 수 있는 폐액 등의 액체 폐기물 소각처리에 대해 각각 언급하였다. 그리고 제10장에서는 소각 시 발생되는 대표적인 대기오염물의 발생과 제어에 대해 연소로 내의 연소제어 기술(In-furnace Technology)에 주력하여 언급하였다. 제11장에서는 폐기물을 열분해에 의해 에너지로 전환하는 기술에 대해 기술하였고, 제12장에서는 열설비에서 발생되는 폐열의 효과적인 활용기술에 대해 소개하였다.

끝으로 미비한 점이 많이 있을 것으로 생각되지만 점차 보완할 것을 약속드리며, 본서의 편집작업을 위해 애써준 조선대학교 환경공학부 대기오염 & 저탄소에너지실 대학원생들에게 감사를 드린다.

2017. 1
저자 올림

# CONTENTS

## Part 1 화석연료 연소

### Chapter 01
### 연료의 종류 및 특성

1 연료의 종류와 조성     13
    1. 연소의 기본개념     13
    2. 연료의 조성     14

2 연료별 특성     15
    1. 기체연료     15
    2. 액체연료     18
    3. 고체연료     21

### Chapter 02
### 연소이론 및 장치

1 연소기초이론     25
    1. 연소의 기본개념     25
    2. 연료별 연소방법     31

2 연소장치     39
    1. 고체연료 연소장치     39
    2. 액체연료 연소장치     44
    3. 기체연료 연소장치     47

Chapter 03
## 연료별 연소계산

1 연료별 연소계산      51
    1. 액체 및 고체연료      51
    2. 기체연료      53

2 이론 연소계산      55
    1. 이론 산소량      55
    2. 이론 공기량      55
    3. 이론 연소가스량      56

3 소요 공기량      58
    1. 공기비의 정의      58
    2. 당량비      60

4 실제 연소계산      61
    1. 실제 연소공기량      61
    2. 실제 연소가스량      62
    3. 배기가스의 조성 계산      66
    4. 최대 탄산가스량      68
    5. 발열량      71
    6. 이론 연소온도      73

## Part 2　폐기물 에너지 전환

Chapter 04
## 폐기물의 종류와 특성

1 폐기물의 종류      77
    1. 고형 폐기물      78
    2. 슬러지      79
    3. 쓰레기 재생연료      81

2 고형 폐기물의 특성      83
    1. 4성분 분석      83
    2. 폐기물 성분의 원소분석      84
    3. 폐기물의 에너지 함량      86

**Chapter 05**
# 소각이론

1 연소방법과 소각 설비의 분류      87
    1. 연소가스의 유동방향에 의한 분류      87
    2. 공기공급 방식에 따른 분류      88
2 연소 프로세스에 의한 분류      89
    1. 단단연소      89
    2. 복수단연소      89
3 고형 폐기물의 연소방법      89
    1. 증발연소      89
    2. 분해연소      90
    3. 표면연소      90
4 총괄 연소반응 저항과 연소속도      92
    1. 총괄 연소반응 저항      92
    2. 연소속도      94
5 강열감량, 연소효율, 열효율      97
    1. 강열감량      97
    2. 연소효율      99
    3. 강열감량과 연소효율의 관계      99
    4. 열효율      102
6 고형 폐기물 소각법      103
    1. 함유수분이 많은 폐기물      103
    2. 수분률이 극히 적은 폐기물      104

3. 보통 잡쓰레기와 고분자계 대상물의
   혼합 폐기물                          105
4. 동물사체와 도살장 찌꺼기 폐기물        106

## Chapter 06
## 소각처리 시스템

1 폐기물 소각방식의 분류                  107

2 국부 고형폐기물 처리                    108
   1. 단일 연소실 소각로                  108
   2. 다단 연소실 소각로                  109

3 중앙 집중식 소각 시스템                 111
   1. 폐기물 반입 및 공급 설비            113
   2. 폐기물 소각 설비                    113
   3. 연소가스 냉각 및 폐열이용 설비      114
   4. 배출가스 처리 설비                  115
   5. 통풍 설비                          116
   6. 소각재 배출 설비                    117
   7. 배출수 처리 설비                    118
   8. 급배수 설비                        120
   9. 전기공급 설비 및 계장제어 설비      120
   10. 기타 설비                         120

## Chapter 07
## 도시 고형 폐기물 소각

1 도시 고형 폐기물 소각                   121
   1. 구동화격자의 종류와 구성방식        121
   2. 화격자의 특징                      129
   3. 화격자 내 연소과정                  131
   4. 화격자 연소율과 연소실 부하         133
   5. 연소성능 기준                      137

Chapter 08
**슬러지 소각** 145

1 다단 소각로 146

2 유동층 소각로 149

3 전기 소각로 152

4 사이클론 소각로 154

5 수면상 소각로 155

6 로타리킬른 소각로 157

Chapter 09
**액체 폐기물 소각** 161

1 액체 폐기물의 성질 161

2 폐기물의 주입 162

3 액체 분사노즐 163
  1. 기계식 분무버너 163
  2. 회전컵식 버너 164
  3. 외부혼합식 저압버너 165
  4. 외부고압 2유체 버너 166
  5. 내부 혼합식 노즐 167
  6. 음파노즐 168

4_액체 폐기물 소각로 168
  1. 비선회식 수직로 169
  2. 볼텍스로 170

Chapter 10
**저공해 폐기물 소각** 173

1 소각로와 공해물질 173

　　　1. 질소산화물　　　174

　　　2. 분진과 금속류　　　175

　　　3. 산성가스　　　176

　　　4. 다이옥신과 퓨란류　　　177

2 공해 배출 저감 대책　　　181

　　　1. 저감 대책 개요　　　181

　　　2. 연소에 의한 제어　　　183

3 저공해 소각시스템 표준　　　188


Chapter 11

**혼합 폐기물 열적처리**　　　191

1 열분해　　　191

　　　1. 열분해 생성물　　　191

　　　2. 열분해 시스템　　　193

2 공기량제한 소각로　　　198


Chapter 12

**열설비 에너지 회수이용**　　　205

1 소각로의 폐열이용 변천　　　205

2 폐열이용 형태　　　206

3 폐열의 이용방식　　　207

4 열에너지 회수시스템　　　208

　　　1. 보일러의 형식분류　　　211

　　　2. 터빈의 분류　　　213


**부록**　　　217

**찾아보기**　　　235

Part 1

# 화석연료 연소

Chapter 01 연료의 종류 및 특성
Chapter 02 연소이론 및 장치
Chapter 03 연료별 연소계산

# 연료의 종류 및 특성

## 1 연료의 종류와 조성

### 1. 연소의 기본개념

연료란 자신의 내부구조의 변화 또는 다른 물질과의 반응에 의해 화학적 에너지나 핵에너지를 지속적으로 열에너지로 변환시키는 물질을 말한다. 연료의 종류는 상태와 성질에 따라 크게 고체연료, 액체연료, 기체연료로 구분되고 다음과 같이 분류한다.

- 기체연료(gaseous fuel) : 천연가스(LNG), 액화석유가스(LPG), 석탄가스 등
- 액체연료(liquid fuel) : 석유원유, 석탄 타르(tar), 알코올 등
- 고체연료(solid fuel) : 석탄, 목탄, 목재, 연탄 등

표 1.1 연료의 성분 상태와 용도

① 기체연료

| 기체연료 | | 성분(%) | | | | | | | 고발열량 (kcal/Nm³) | 주요용도 |
|---|---|---|---|---|---|---|---|---|---|---|
| | | $CO_2$ | $C_nH_{2n}$ | $O_2$ | CO | $H_2$ | $C_nH_{2n+2}$ | $N_2$ | | |
| 천연 가스 | 습성 | 0.8 | - | 0.2 | - | - | 99.0 | - | 11,750 | 도시가스 |
| | 건성 | 4.5 | - | 0.5 | - | - | 93.0 | 2.0 | 8,500 | 요업로용 |
| 액화석유가스 | | - | 45.2 | - | - | - | 54.8 | - | 22,450 | 공업용 도시가스 |
| 오일가스 | | 2.7 | 35.5 | 2.1 | 1.2 | 0.3 | 29.0 | 9.4 | 11,000 | 도시가스용 |
| 석탄가스 | | 2.6 | 3.0 | 0.3 | 6.9 | 51.9 | 30.2 | 5.1 | 5,100 | 도시가스 |
| 발생로가스 (코크스 사용) | | 5.0 | - | - | 27.1 | 10.9 | 1.1 | 55.9 | 3,790 | 도시가스 요업로용 |
| 고로가스 | | 17.7 | - | - | 23.9 | 2.9 | - | 55.5 | 900 | 요업로용 보일러용 |

(계속)

② 액체연료

| 액체연료 | 주성분 | 비점범위<br>(℃) | 고발열량<br>(kcal/kg) | 주요용도 |
|---|---|---|---|---|
| 휘발유 | C·H | 30~200 | 11,000~11,500 | 가솔린 엔진용 |
| 등 유 | C·H | 150~280 | 11,000~11,500 | 석유발동기용, 난방용,<br>주방용 |
| 경 유 | C·H | 200~350 | 11,000~11,500 | 소형디젤엔진 가열용 |
| 중 유 | C·H(O.S.N) | 300~ | 10,000~11,000 | 각종 디젤용, 보일러용,<br>공업로용 |

③ 고체연료

| 고체연료 | 주성분 | 고발열량(kcal/kg) | 주요용도 |
|---|---|---|---|
| 석 탄 | C·H·O<br>(N.S) | 4,500~8,000 | 보일러용 요업로용 가스,<br>코크스 제조용, 가정용 |
| 코크스 | C(H.O.S) | 6,000~7,500 | 제철용, 용선용, 가스 제조용 |
| 반성 코크스 | C(H.O.S) | 5,000~7,000 | 가정용, 가스 제조용 |
| 연탄(구멍탄,<br>조개탄) | C(H.O.S) | 3,500~5,000 | 가정용 |

## 2. 연료의 조성

연료의 가연성분은 주로 탄소(C), 수소(H), 황(S)이며, 각 연료별 조성은 표 1.2와 같다. 이들이 연소할 때 식 1.1~1.3과 같은 화학반응을 일으키며 빛과 열을 발생하게 된다. 다음 식의 발열량은 저위 발열량 기준이다.

$$C + O_2 \rightarrow CO_2 \qquad\qquad +8{,}100 \ \text{kcal/kg} \qquad (1.1)$$

$$H_2 + \frac{1}{2}O_2 \rightarrow H_2O \qquad +28{,}600 \ \text{kcal/kg} \qquad (1.2)$$

$$S + O_2 \rightarrow SO_2 \qquad\qquad +2{,}500 \ \text{kcal/kg} \qquad (1.3)$$

연료의 비가연성분은 질소(N), 산소($O_2$), 수분($H_2O$), 재(ash) 등이 있다. 산소와 질소는 연료의 가치를 저하시키고, 재도 열손실이 커서 연료의 가치를 저하시킨다. 수분은 증발잠열을 가지고 있어 열손실과 연소온도를 저하시킨다.

표 1.2 **각종 연료의 원소 조성**

| 연료의 종류 | 탄소(C) [%] | 수소(H) [%] | 산소 기타(O, N 등) [%] | C/H |
|---|---|---|---|---|
| 고체연료 | 95~50 | 6~3 | 44~2 | 15~20 |
| 액체연료 | 87~85 | 15~13 | 2~0 | 5~10 |
| 기체연료 | 75~0 | 100~0 | 57~0 | 1~3 |

## **2** **연료별 특성**

## 1. 기체연료

### (1) 기체연료의 특징

기체연료는 액체 또는 고체연료에 비해 청정연료로 알려져 있으며, 다음과 같은 특징이 있다. 장점으로는 첫 번째, 연소효율이 높고 적은 과잉 공기로 완전 연소가 가능하며, 검댕(soot)이 발생하지 않는다. 두 번째, 연료 중에 황이 포함되지 않아 연소배기 가스 중에 $SO_2$가 생성되지 않는다. 세 번째, 회분이 거의 없고 먼지 발생이 없다. 그러나 고체연료로 제조되는 연료에는 연소 중에 먼지가 혼입될 수 있다. 네 번째, 부하의 변동범위(turn down ratio)가 넓고 연소의 조절이 용이하다. 즉, 자동조절, 집중가열, 균일가열, 분위기 조절 등이 가능하고 점화 및 소화가 간단하다. 마지막으로 저발열량 연료로 고온을 얻을 수 있고, 열효율을 높일 수 있다.

단점으로는 저장탱크, 배관 공사비 등 시설비가 많이 들고, 저장이 곤란하며, 다른 연료에 비해 연료비가 비싸다. 또한 누설의 위험이 있고, 공기와 혼합해서 점화하면 폭발 등의 위험도 있다.

## (2) 기체연료의 종류와 성질

표 1.3 가스 성분의 물리적 특성

| 가스성분 | 비 중<br>(공기 = 1) | 고발열량<br>(kcal/Nm³) | 최고화염<br>온도(℃) | 가연한계 (%) | | 연소속도<br>(cm/s) |
|---|---|---|---|---|---|---|
| | | | | 저 | 고 | |
| CO | 0.9663 | 3,036 | 2,182 | 12.5 | 74.2 | 43 |
| $H_2$ | 0.0696 | 3,055 | 2,182 | 4.0 | 74.2 | 292 |
| $CH_4$ | 0.6553 | 9,498 | 2,005 | 5.0 | 15.0 | 37.4 |
| $C_3H_8$ | 1.621 | 23,560 | 2,120 | 2.1 | 9.35 | 43 |

### ① 천연가스(NG; Natural Gas)

천연가스는 천연으로 산출되는 가스로 탄화수소를 주성분으로 한다. 발열량이 9,000~12,200 kcal/Nm³ 정도로 건성가스와 습성가스로 구분된다. 액화증기의 함유량이 40 ml/m³(=40 ppm)를 기준으로 그 이하는 건성가스, 그 이상인 것은 습성가스이다.

건성가스는 석탄계 가스와 수용성 가스가 있으며, 석탄계 가스는 메탄($CH_4$)이 주성분이고 천연가스의 대부분을 점유한다. 또한 수용성 가스는 지하수에 용해되어 있으며 가연분은 거의 순수한 메탄이다.

습성가스는 석유계 가스로서 유전지대에서 생성되고, 에탄($C_2H_6$), 프로판($C_3H_8$), 부탄($C_4H_{10}$) 등 고급 탄화수소를 큰 비율로 함유한다. 참고로 액화천연가스(LNG, Liquified Natural Gas)는 1 atm, -162℃ 액화, 초저온 봄베에 저장한다.

### ② 액화석유가스(LPG; Liquified Petroleum Gas)

프로판(propane)이 주성분으로 보통 석유 정제 시 부산물로 얻어지는 부생가스이다. 발열량은 원유 특성에 따라 다르지만 보통 20,000~30,000 kcal/Nm³ 정도이다.

LPG의 장점은 다음과 같다. 첫째, 저장 및 수송 시 액체 상태이며 연소 시에는 기체이므로 취급이 용이하다. 둘째, 발열량이 다른 가스에 비해 상당히 높다. 또한 황분이 적고 독성이 없다.

단점은 저장 설비비가 많이 들고, 비중이 공기보다 무거워서(공기 1로 하여 1.5~2.0배 정도) 누출될 경우 인화·폭발의 위험성이 높다. 또한 유지 등을 잘 녹이기 때문에 고무 패킹이나 유지 도포제로 누출을 막는 것은 곤란하다. 마지막으로 액체에서 기체로 될 때 증발열(90~100 kcal/kg)이 있으므로 사용하는 데 유의할 필요가 있다.

### ③ 오일가스

주로 나프타, 등유, 경유 등을 열분해 또는 접촉 분해하여 얻는 열량이 높은 연료가스로, 석유계 기름을 550~600℃로 공기를 차단하고 분해 기화시킨다. 이때 메탄·에틸렌 등을 주성분으로 하고 수소를 소량 함유하는 가스가 얻어진다. 이 열분해법과 부분 산화법은 도시가스 제조에 응용되어 석탄가스·천연가스를 대신하며, 원유·중유·나프타 등을 열분해하여 고열량 오일가스(8,000~10,000 kcal/m³)를 발생시켜 열량이 낮은 수성가스 등에 혼합하여 쓸 수 있다. 원료유를 접촉분해해서 수소·일산화탄소를 많이 함유하는 가스(4,000~5,000 kcal/m³)를 효율적으로 발생시키는 접촉분해법도 발달되었다. 오일가스는 석탄가스에 비해서 설비비가 적게 들고, 목적에 따른 가스를 쉽게 얻을 수 있다.

### ④ 석탄 가스화 연료

석탄을 건류(distillation)할 때 생기는 가스를 석탄 건류가스라고 한다. $CH_4$, $H_2$ 등이 주성분이며 발열량이 높다.

증류가스(retrot gas)는 증류기에서 제조되는 가스이고, 코크스가스(coke gas)는 코크스로에서 코크스 제조 시 발생하는 부산물이다.

발생로가스는 부분산화(partial oxidation)에 의해 생성되는 가스로, 두꺼운 고온의 석탄층 또는 코크스층을 만들어 공기 또는 공기와 수증기의 혼합기를 연속으로 공급하여 불완전 연소에 의해 생성된 연료가스를 말한다. 가스 생성과정은 부분연소반응(식 1.4), 발생로 가스반응(식 1.5), 수성가스반응(식 1.6) 등 복합반응에 의해 생성된다.

$$C + O_2 = CO_2 \qquad +7,830 \ \text{kcal/kg} \qquad (1.4)$$

$$C + CO_2 = 2CO \qquad -3,430 \ \text{kcal/kg} \qquad (1.5)$$

$$C + H_2O = CO + H_2 \qquad -2,610 \ \text{kcal/kg} \qquad (1.6)$$

주성분은 일산화탄소, 수소, 질소, 이산화탄소이다. 장점으로는 설비가 간단하고 부분연소생산에 의한 에너지 절감이 되는 반면, 화염온도가 낮고 분진제거가 필요하다는 단점이 있다.

#### ⑤ 고로가스

제철용 고로(blast furnace)에서 부생하는 가스로 발열량은 700~900 kcal/Nm$^3$ 정도이다. 고로란 주철을 만드는 설비로 용광로라고도 한다. 철광석을 철원으로 하며, 이것에 열원 및 환원제로 코크스(coke), 불순물 제거용으로 석회석을 첨가하고 열풍을 불어넣어 코크스를 연소시킨 후 철광석을 환원시켜 용융 선철(pig iron)로 꺼낸다.

#### ⑥ 도시가스

천연가스, LPG, 석탄건류가스와 발생로 가스가 주원료이고, 연소속도가 빠른 수소(292 cm/s), 일산화탄소(43 cm/s), 메탄(7.4 cm/s)을 주성분으로 한다. 공정 중 발생되는 불순물은 제거한다. 가스의 성상에 따라 다소 차이가 있으나 발열량을 약 3,600~10,000 kcal/Nm$^3$로 조절하여 생산한다.

## 2. 액체연료

### (1) 액체연료의 특징

액체연료는 다음과 같은 특징을 가지고 있다. 장점으로 첫째, 발열량이 높고 대체적으로 일정하며 효율이 높다. 또한 저장·운반이 용이하며 저장 중 변질이 적다. 둘째, 석탄 연소와 비교해서 매연의 발생은 적지만 중질유의 연소에는 그 방법이 나쁘면 매연을 발생시킨다. 셋째, 회분은 거의 없지만 재 속의 금속 산화물이 장해의 원인이 될 수 있다. 넷째, 균일한 품질의 연료를 구매할 수 있고, 점화, 소화 및 연소의 조절과 계량, 기록이 용이하다.

단점은 첫째, 화재와 역화 등의 위험이 크며 연소온도가 높기 때문에 국부적인 가열을 일으키기 쉽다. 둘째, 사용 버너에 따라 연소 시 소음이 발생되고 거의 전부를 수입에 의존하고 있다. 셋째, 중질유는 황 성분을 함유하고 있어 연소 시 $SO_2$를 발생시킨다. 넷째, 연료에 미량 함유된 바나듐 등의 금속 산화물로 인한 연소 장치의 부식이 우려된다.

## (2) 액체연료의 종류

액체연료는 가솔린(gasoline), 등유(kerosene), 경유(light oil), 중유(heavy oil), COM(=Coal Oil Mixture), CWM(=Coal Water Mixture) 등이 있고, 종류별 특징은 다음과 같다.

중질 연료일수록 C/H비가 크고, 중유> 경유> 등유> 휘발유 순으로 감소한다.

C/H비가 클수록 휘도와 방사율이 크며, 긴 화염인 장염이 된다. 또한 C/H비가 클수록 비교적 비점이 높은 연료이며 매연 발생이 쉽다.

가솔린은 스파크 점화기관, 헬기, 제트기용 연료로 사용되며, 비등점은 30~200℃이고, 비중은 0.72~0.76 정도이다.

등유는 파라핀유 또는 램프 오일(lamp oil)이라 하고, 가정 취사용, 스토브용, 석유발동기, 제트엔진용으로 사용되며, 인화점(flash point)이 가솔린보다 높다.

경유는 비등점이 200~250℃, 비중은 0.8~0.85 정도이다. 디젤버스 및 트럭 등의 고속디젤엔진에 사용되고, 화염이 유지되는 척도인 착화성이 좋다. 참고로 착화점(ignition point)이란 연소열에 의해 연소가 지속되는 최저온도를 말한다.

중유는 점도에 따라 A, B, C 중유로 구분되고, 사용용도 또한 다르다. A 중유(1종)의 경우 소형디젤기관과 소형버너에 사용되고, B 중유(2종)는 일반 디젤기관, 보일러에 사용되며, C 중유(3종)는 대형보일러와 대형저속기관에 사용된다. 중유는 다음과 같은 성질을 가지고 있다.

- 비중 : 비중은 4℃의 물에 대한 15℃의 유류 중량비로 하여 0.92~0.97 정도이다.

- 점도 : 점도가 낮으면 사용상 유리하지만 용적당 발열량이 적고 가격이 비싸다. C 중유, B 중유, A 중유 순으로 점도는 감소한다. 수송 시 적정 점도의 범위는 500~1,000 cSt이고, 버너분무 시 필요한 점도는 20~30 cSt 정도이다.

- 유동점 : 저온에서 취급 시 난이도를 나타내는 척도로서 저점도 중유는 유동점과 발열량이 낮고 사용이 유리하지만 가격이 높다. 고점도 중유는 유동점이 높아 배관이나 기타 장치 내에서 유동성 상실로 펌프송유가 곤란하다.

- 인화점 : 기름이 가열되어 발생된 증기가 공기와 혼합되면서 가연성가스가 착화되는 최저온도를 말한다. 인화점(flash point)이 낮으면 역화의 위험이 있고 인화점이 높으면 착화가 곤란하게 된다.

- 잔류탄소 : 중유를 공기가 충분하지 않은 상태로 고온 가열하면 건류·탄화(distillation · carbonization)되어 탄소성분이 응축하게 되는데, 이것을 잔류탄소라고 한다. 잔류탄소가 높을수록 점도가 높아지며 중유의 잔류탄소 함량은 7~16% 정도이다.

- 회분 및 불순물 : 중유 중 불순물이 연소하여 금속 산화물이 고체로 되는 것을 말하며, 주로 철, 마그네슘, 칼슘, 바나듐 등의 화합물로 이루어져 있다.

표 1.4 중유의 성상 및 용도

| 종류 | | 반응 | 인화점 (℃) | 동점도 (50℃) (cSt) | 레드우드 정도¹⁾ (50℃)(초) | 유동점 (℃) | 잔류 탄소분 (중량%) | 수분 (체적%) | 회분 (중량%) | 황 (중량%) | 용도 |
|---|---|---|---|---|---|---|---|---|---|---|---|
| 1종 | 1호 | 중성 | 60 이상 | 50 이하 | (85.8 이하) | 5 이하²⁾ | 4 이하 | 0.3 이하 | 0.05 이하 | 0.5 이하 | 요업, 금속정련용 |
| | 2호 | ″ | ″ | ″ | ( ″ ) | ″²⁾ | ″ | ″ | ″ | 2.0 이하 | 소형 내연기관용 |
| 2 종 | | ″ | ″ | 50 이하 | (205 이하) | 10 이하²⁾ | 8 이하 | 0.4 이하 | ″ | 3.0 이하 | 내연기관용 |
| 3 종 | 1호 | ″ | 70 이상 | 50~150 | (205~612) | -³⁾ | - | 0.5 이하 | 0.1 이하 | 1.5 이하 | 철강용 대형보일러 |
| | 2호 | ″ | ″ | 50~150 | ( ″ ) | - | - | ″ | ″ | 3.5 이하 | 대형보일러 |
| | 2호 | ″ | ″ | 50~150 | (612~1,630) | -³⁾ | - | 0.6 이하 | ″ | 1.5 이하 | 대형 내연기관용 |
| | 3호 | ″ | ″ | 50~400 | (1,650 이하) | - | - | 2.0 이하 | ″ | 1.5 이하 | 철강용 |
| | 4호 | ″ | ″ | 400 이하 | | | | | | | 일반용 |

주 : ¹⁾ 동점도에서 환산한 것; ²⁾ 1종, 2종 겨울철용의 유동점은 0℃ 이하로 함. ³⁾ 3종의 1호, 3호에 있어서는 유동점이 15℃를 초과할 경우 용기 기타에 유동점을 명시하지 않으면 안됨.

- 수분 : 원유 속에 수분이 혼합되어 이것이 중유 속에 그대로 남아 있는 것이다.
- 황분 : 중유 중에 황 화합물이 함유되어 있는 것으로 황분의 양과 존재 상태는 중유의 성상이나 제조법에 따라 달라진다.
- 중유 첨가제 : 중유의 연소성을 돕는 조연제로서 탈수제, 슬러지 분산제 (=슬러지 생성방지), 회분 개질제(고온부식억제), 연소 촉진제, 응고점 강하제 등이 있다. 실제 첨가제는 이 중 몇 가지의 기능을 합친 것이다.

## 3. 고체연료

### (1) 고체연료의 특징

고체연료는 매장량이 풍부하고, 가격이 저렴하며, 저장의 경우 단기간이면 야적이 가능하다. 또한 수송 시에는 화차에 그대로 실을 수 있다는 장점이 있다.

단점으로는 첫째, 건조와 분쇄 등의 전처리가 필요할 경우가 많다. 둘째, 액체연료나 기체연료와는 달리 파이프에 의한 수송이 곤란하다. 셋째, 연소 후에 재가 남으며 그 처리를 해야 한다. 넷째, 점화 및 소화가 곤란하여 연소 관리가 어렵고 부하변동에 바로 응하기가 어렵다.

### (2) 고체연료의 종류와 성질

#### ① 목재

목재는 견목(참나무, 밤나무, 벚나무 등)과 연목(전나무, 소나무 등)으로 구분된다. 대기 건조상태 하에서 견목의 밀도는 $450 \sim 500$ kg/m$^3$이고, 연목은 $250 \sim 300$ kg/m$^3$이다. 연목이 견목에 비해 연소 시 장염이 발생된다. 발열량은 $4,100 \sim 4,900$ kg/kg, 착화온도(ignition point)는 $240 \sim 270$℃ 정도이다. 장염을 요하는 특수공업에 사용된다.

② 목탄

목재를 탄화시킨 2차 연료이다. 즉, 목재를 탄소가마에 넣고 일부를 연소시키고 나머지를 건류한 연료이다. 연소 시 휘발분이 거의 없어 표면연소가 진행되고 파란색의 고온의 단염(short flame)이 형성된다.

③ 석탄

석탄은 탄화의 정도에 따라 갈탄(lignite), 역청탄(bituminous), 무연탄(anthracite)으로 분류된다.

표 1.5 **석탄 종류 특성**

| 명 칭 | 고정탄소 (%) | 휘발분 (%) | 착화온도 (℃) |
|---|---|---|---|
| 무연탄 | 87.5 이상 | 3~1.3 | 440~550 |
| 역청탄 | 87.5~50 | 13~52 | 250~400 |
| 갈탄 | 50 이하 | 52 이상 | 250~400 |

석탄의 성질을 살펴보면 다음과 같다.

• 비중 : 석탄화도가 진행됨에 따라서 증가되는 경향이 있고 비중은 1.2~1.8 정도이다.

• 비열 : 석탄화도가 진행됨에 따라 감소하고 물과 회분의 함유량과 직접 관계가 있다. 비열은 0.22~0.26 kcal/kg℃ 정도이다.

• 착화온도 : 석탄화도가 진행된 것일수록 높고, 수분 함유량에 따라 많은 영향을 받으며 수분 함량이 많을수록 착화가 곤란하다.

• 점결성(=코크스화성) : 석탄이 가열될 경우 연화 및 용융되어 분해가 시작되고, 가스와 타르를 발산한 다음 코크스를 남기는 정도를 말한다.

• 열분해 : 공기를 차단한 상태에서 석탄을 가열하면 맨 먼저 수분이 증발하여 방출되고, 이어서 가스가 방출되어 분해가 완료되는 것이다. 열분해 개시온도는 230~450℃이며, 석탄화도가 진행된 것일수록 분해온도가 높아진다.

- 고정탄소 : 석탄의 분석 시 석탄 중에 함유된 수분과 회분 그리고 휘발분을 제외한 중량 백분율을 말한다. 고정탄소(wt%) = 100 − (수분+회분+휘발분)로 나타낸다. 고정탄소가 많을수록 발열량이 높아지고 연소 시 단염이 된다.

- 수분 : 석탄에 함유된 수분으로 3가지 형태로 함유되어 있다. 부착수분은 석탄 표면에 흡착되어 있는 수분으로 일정 온도로 가열 시 증발하는 수분이다. 고유수분은 석탄 건조 후 남아있는 수분이며, 결합수분(화합수분)은 연료 중 수소와 결합된 수분을 말한다.

- 휘발분 : 열분해 시 생성되는 휘발성 물질로 휘발분이 많을수록 발열량이 낮고 불꽃이 긴 장염이 된다.

- 회분 : 금속 산화물로 산화규소($SiO_2$), 알루미나($Al_2O_3$), 산화철($Fe_2O_3$), 석회($CaO$), 산화 마그네슘($MgO$), 산화 알칼리($K_2O$ 및 $Na_2O$) 등으로 구성되어 있다.

- 연소성 : 연소성은 석탄 함유 성분에 따라서 연소에 미치는 영향이 다양하게 나타난다. 먼저 수분이 많은 경우에는 점화가 어렵고, 흰 연기가 발생한다. 또한 수분의 기화로 인한 열흡수(증발잠열)가 일어나고, 불완전 연소되어 온도가 떨어지고 연소효율이 저하되기도 한다.

고정탄소는 석탄의 주성분을 이루고 있고, 탄화도(carbonization degree)가 많이 진행되면 고정탄소 역시 많아진다. 고정탄소가 많은 경우에는 발열량이 높고 매연 발생이 적으며, 연소 시 파란색의 단염을 발생시키고 복사선 강도가 크지만, 점화가 지연되는 문제가 나타나기도 한다.

반면 휘발분이 많은 경우 연소 시 그을음 발생이 심하고, 점화는 쉬워지나 붉은 장염이 발생하고, 발열량이 저하되어 연료의 가치가 낮아지게 된다. 회분이 많은 경우는 발열량이 감소하고 열손실이 커지며 통풍방해 및 대기오염을 유발시킨다.

④ 코크스(coke)

원료탄을 1,000℃ 내외의 온도로 건류하여 얻는 2차 연료이다. 발열량은

8,000 kcal/kg 정도로 휘발분이 거의 없기 때문에 착화가 곤란하며, 검댕이의 발생이 거의 없다.

## Chapter 02

# 연소이론 및 장치

## 1 연소기초이론

## 1. 연소의 기본개념

연소란 산화에 따른 발열에 의하여 온도가 상승하고 그 결과 발생되는 열 복사선의 파장과 강도가 육안으로 감각하기에 이르는 것을 말한다.

### (1) 연소 시 단계별 온도구분

연소 시 단계별 온도는 인화온도(flash temperature), 착화온도(ignition temperature) 그리고 연소온도(combustion temperature)로 구분된다.

- 인화온도 : 충분한 공기를 공급한 상태에서 연료를 가열하여 어떤 온도에 도달하면 화염이 붙기 시작하는 최저 온도를 인화온도 또는 인화점이라 한다.
- 착화온도 : 혼합기가 인화점에 도달하고 지속적으로 가열되어 더 가열을 하지 않더라도, 연소열에 의해 연소를 계속하게 되는 온도를 착화온도, 착화점, 발화온도, 발화점이라 한다.

표 2.1 **연료의 착화온도**

| 물 질 | 착화온도(℃) | 물 질 | 착화온도(℃) |
|---|---|---|---|
| 장 작 | 280~300 | 가솔린 | 300~320 |
| 석 탄 | 330~400 | $CH_4$ | 650~750 |

- 연소온도 : 연소 시 착화온도에 도달한 후 각 연료의 성상별 발열량에 따라 최대 온도가 유지되는데, 이를 연소온도라 한다. 즉, 연료의 발열량이 높을 수록 연소온도가 높다.

## (2) 연소의 상태

연소의 형태는 화염이 지속적으로 안정되게 유지되는 정상연소와 어떤 특정 온도에서 순간적으로 폭발하는 비정상연소가 있다.

정상연소가 진행되기 위해서는 연료와 연소장치의 특성에 따라 차이가 있지만, 연료가 가열되어 앞에서 언급한 온도단계를 거치면서 최종의 안정된 연소상태를 지속적으로 유지하게 된다.

비정상연소는 산화제인 공기가 충분한 상태에서 연료가 가열되어 특정 온도인 기폭온도(priming temperature)에 도달하게 되면, 정상연소를 이루지 못하고 순간적으로 폭발이 일어나 연소가 되는 것을 말한다.

연소가 이루어지기 위해서는 연료가 가지고 있는 가연성분이 산화제인 산소와 만나 화학반응을 하여 발생되는 열발생속도와 열설비의 열손실(연소로 벽면손실, 배기 폐열손실 등) 정도를 나타내는 열방출속도에 의해 좌우된다.

그림 2.1은 열발생속도를 도식화한 것이다. 연소실의 온도가 저온에서는 산소확산속도(D'KD)가 크고, 고온에서는 산화반응속도(R'KR)가 크다. 따라서 연소가 이루어져 열이 발생되는 열발생속도는 R'KD의 실선으로 표현된다.

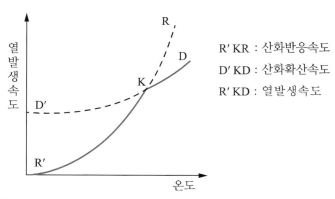

R' KR : 산화반응속도
D' KD : 산화확산속도
R' KD : 열발생속도

그림 2.1 **열발생속도**

### ① 정상연소

그림 2.2는 화염이 일정하게 유지되어 연소되는 정상연소를 나타낸 것이다.

상온인 $T_0'$ 이하이면 열발생속도는 0이 된다. 그리고 연소실 내의 온도 $T$가 $T_0' < T < T_1$이면 열원존재 하에 산화반응이 계속 진행됨을 의미하며, 열발생곡선(A)이 열방출곡선(B)보다 작다. 이 온도범위 내의 임의의 지점에 화염이 생성되는 최저 온도인 인화온도가 존재한다. $T_1 < T < T_2$이면 열발생곡선(A)이 열방출곡선(B)보다 크게 되어 발화(점화)온도 $T_1$ 후에 열이 축적됨으로써 열원제거 후에는 연소온도 $T_2$로 산화반응이 계속 진행된다. $T_2$ 이상에서는 열원온도($T$) 증가 시 온도가 증가되고, 제거 시 연소온도 $T_2$로 다시 일정하게 유지된다.

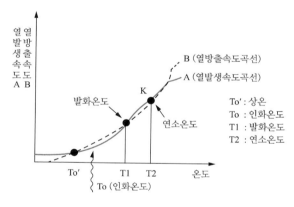

그림 2.2 **정상연소**

### ② 비정상연소

그림 2.3은 순간적으로 기폭온도 $T_1$에서 연소개시 후 연소속도가 급격히 증가하는 경우이다. 즉, 밀폐용기 중 화약의 연소 또는 엔진 내 연료의 연소 시 연료와 공기의 혼합기착화에 의해 일어나는데, 이를 폭발(detonation)이라고도 한다.

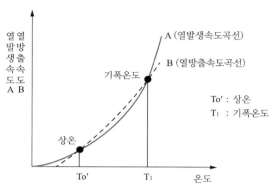

그림 2.3 비정상연소

## (3) 가연한계

연소반응을 개시하여 연소가 지속되게 하는 현상을 착화(ignition)라 한다. 여기에는 전기불꽃이나 성냥 등의 외부 점화원을 사용하는 강제착화가 있고, 예혼합기체의 온도 상승에 의한 자발적 연소와 같은 자기착화(self ignition)가 있다.

한편 가연성기체와 산화제의 혼합기체에 전기불꽃 등의 에너지를 주어도 항상 착화하여 연소하는 것은 아니다. 화염이 전파되기 위해서는 농도, 온도, 압력 등에 대한 적절한 범위가 존재한다. 이것을 가연범위(burning limit) 혹은 폭발범위(explosion limit)라 하며, 그 한계를 가연한계(combustion limit)라고 한다.

표 2.2는 공기 중 각종 연료의 가연한계 농도범위를 나타낸 것이다.

표 2.2 공기 중 각종 연료의 가연한계 농도범위

| 물질명 | 희박가연<br>한계농도(%) | 과농가연<br>한계농도(%) | 물질명 | 희박가연<br>한계농도(%) | 과농가연<br>한계농도(%) |
|---|---|---|---|---|---|
| 수소 | 4.0 | 75 | 부텐 | 1.8~1.7 | 9.7~10 |
| 일산화탄소 | 12.5 | 74 | 1.3부타디엔 | 2.0 | 12 |
| 메탄 | 5.0 | 15.0 | 벤젠 | 1.3 | 7.9 |
| 에탄 | 3.0 | 12.4 | 톨루엔 | 1.2 | 7.1 |
| 프로판 | 2.1 | 9.5 | 크실렌 | 1.1 | 6.5 |

(계속)

| 물질명 | 희박가연<br>한계농도(%) | 과농가연<br>한계농도(%) | 물질명 | 희박가연<br>한계농도(%) | 과농가연<br>한계농도(%) |
|---|---|---|---|---|---|
| 부탄 | 1.8 | 8.4 | 시클로헥산 | 1.3 | 7.8 |
| 헥산 | 1.2 | 7.4 | 아세톤 | 2.6 | 13 |
| 에틸렌 | 2.7 | 36 | 암모니아 | 15 | 28 |
| 아세틸렌 | 2.5 | 81(100) | 가솔린 | 1.3 | 7.1 |

## (4) 연소속도(burning velocity, $S_u$)

연소속도는 연료가 착화하여 연소할 때, 화염이 미연가스와 산화반응을 일으키면서 차례로 퍼져 나가는 속도를 말한다. 연소속도는 혼합가스를 만드는 연료나 산화제의 종류, 혼합비 등에 의해 영향을 받는다.

연소속도를 등면 일차원화염과 경사 평면화염의 형태에 따라 설명하면 다음과 같다.

• 등면 일차원화염(그림 2.4(a) 참조)은 매트릭스 버너로부터 미연 혼합기체 (연료+산화제)가 일정한 속도 $U$로 분출될 때 이와 반대방향으로 동일한 속도로 타들어가 화염면이 정지된 상태의 화염이다. 즉, 평면화염에서의 연소속도 $S_u$는 혼합기체의 속도와 같다.

• 경사 평면화염(그림 2.4(b) 참조)은 원형노즐로부터 배출되는 혼합기체가 원추상 화염을 형성할 때의 화염형태이다.

미연 혼합기체는 $U_u$인 속도로서 화염면에 $\alpha$의 각도를 갖고 유출하지만, 이것은 화염면에 직각인 속도성분 $S_u$와 평행한 속도성분 $S_p$로 나누어진다. 이 가스는 열팽창에 의해 화염면과 직각방향으로 가속되고, 화염대에서는 $S_b$인 법선방향의 속도를 갖지만, 화염면에 평행하게는 가속요인이 없기 때문에 $S_p$인 초기의 속도성분을 유지한다. 따라서 연소가스는 $S_b$와 $S_p$의 속도합인 연소가스속도 $U_b$를 갖는다.

경사 평면화염에서 연소속도 $S_u$는 화염면 법선방향의 혼합기 속도로 다음과 같다.

$$S_u = U_u \sin\alpha \qquad (2.1)$$

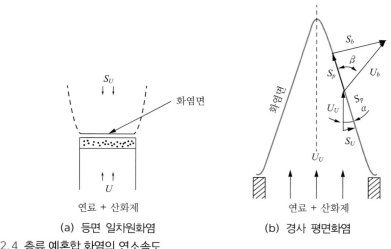

(a) 등면 일차원화염       (b) 경사 평면화염

그림 2.4 층류 예혼합 화염의 연소속도

연소속도는 화학반응속도와 직접적으로 관계되며, 가연혼합기체의 성분 조성과 압력, 온도 등의 상태가 주어지면 곧바로 정해지는 연료의 기본적인 물성치의 하나이다. 그러나 실제 측정에 있어서는 여러 가지 요인의 영향을 받으므로 측정방법에 따라서 다른 값이 얻어지는 경우가 많다. 표 2.3은 주요 기체연료와 공기의 혼합기체 연소속도를 나타내었다.

연소속도의 크기는 가연한계 내에서 혼합기체의 농도에 큰 영향을 받는다. 또 혼합기체 중 불활성기체의 종류나 양에도 좌우된다. 산화제로써 순수한 산소를 사용했을 때 연소속도가 최대가 된다.

표 2.3 주요 연료-공기 혼합기체의 최대연소속도

| 가연기체 | 연소속도 (cm/s) | 농도, vol% (공기비) | 가연기체 | 연소속도 (cm/s) | 농도, vol% (공기비) |
|---|---|---|---|---|---|
| 수소 | 291 | 43(1.8) | 아세틸렌 | 154 | 9.8(1.3) |
| 일산화탄소 | 43 | 52(2.6) | 벤젠 | 41 | 3.3(1.2) |
| 메탄 | 37 | 10(1.1) | 톨루엔 | 38 | 2.4(1.2) |
| 에탄 | 40 | 6.3(1.1) | 에틸렌 | 75 | 7.4(1.2) |
| 프로판 | 43 | 4.6(1.1) | 등유 | 37 | 1.3(1.1) |

## 2. 연료별 연소방법

### (1) 가스연료

기체연료의 연소형태를 분류하면 예혼합연소(premixed combustion), 확산연소(diffusion combustion), 부분예혼합연소(partial premixed combustion)로 나뉜다.

예혼합연소는 연료와 공기를 미리 혼합시킨 후에 연소시키는 것으로서 화염이 전파되는 특징을 갖는다. 확산연소는 연료와 공기를 별개로 공급하여 연료와 공기의 경계에서 연소시키는 것으로서 이 화염에 전파성은 없다. 부분예혼합연소는 확산연소를 가속화하기 위해 화염의 전파성이 높지 않을 정도의 공기를 연료에 미리 혼합시켜 두고, 연소기에서 추가로 공기를 주입하여 연소시키는 것이다.

예혼합연소는 연소부하율(단위면적당 발열률)이 높고, 노의 체적 및 길이가 짧으며, 역화(back fire)의 위험이 있다. 확산연소는 연소의 조절이 용이하고 역화의 위험이 없다.

### ① 예혼합연소

예혼합 화염은 난류·교란이 거의 없는 분젠버너(bunsen burner)나 가정용 가스버너에서 많이 볼 수 있는 원추상 화염이다. 분젠버너로 도시가스를 연소시키면 그림 2.5와 같이 안쪽에 진한 청록색을 한 원추상의 내염과 그 외측을 포함한 청백색을 띠는 외염이 형성된다.

내염부(=그림 2.6의 화염대)에는 평면화염과 같은 예열대와 반응대가 존재하며 거의 대부분의 연소반응이 이루어지고 있다. 이 화염대에 해당하는 두께는 0.1~1 mm 정도로 얇다.

외염부는 반응대에서 생성된 비교적 반응속도가 느린 화학종이 반응을 하지만, 곧이어 외부의 공기에 접촉하여 연소되므로 흐린 빛을 발한다. 미연혼합기 중의 산화제가 부족할 때는 내염부에서 열분해한 탄소미립자가 외염부에서 흑체복사를 하므로 황색휘염을 형성한다. 미연기체는 화염면에 대해 직각 방향으로 들어가고, 그 이후 외염의 형상에 따라 흐른다.

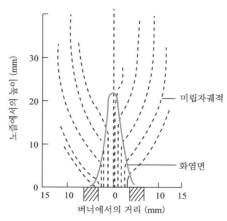

그림 2.5 분젠 예혼합화염의 구조

그림 2.6은 매트릭스 버너와 같은 1차원 층류예혼합 평면화염의 구조를 나타낸 것이다. 연소 시 형성되는 화염대는 크게 예열대와 반응대로 나눌 수 있고, 대기압 하의 일반적인 연소에서는 0.1~1 mm 정도로 대단히 얇다. 또 화염대의 혼합기체에 대한 전면을 화염면이라 한다.

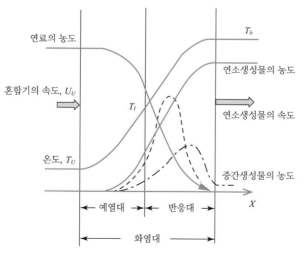

그림 2.6 층류 예혼합 평면화염의 구조

미연혼합기체는 예열대로 들어가면 반응대에서 발산하는 열을 공급받아 온도 $T_u$가 상승한다. 반응대에서는 연소의 화학반응에 의한 반응열이 발생하여 온도가 더욱 상승한다. 온도 $T_1$의 변곡점은 발열속도와 방열속도의 균형점으로, 여기에서 반응대가 시작된다고 보통 정의한다. $T_1$는 일종의 착화온도(ignition temperature)라고 볼 수 있다.

예열대에서도 산화반응은 일어나므로 연료의 농도는 서서히 감소하고, 반응 영역에서 급격히 소비되어 연소생성물이 된다. 그 과정에서 연소의 반응에 따른 중간생성물이 발생하고 반응대에서 나올 때는 최종 연소생성물이 된다. 이 중간생성물은 예열대로 확산하여 중간생성물 속의 활성기가 연소반응을 촉진시킨다.

미연혼합기체의 속도 $S_u$는 화염면에 들어가 온도상승에 의하여 서서히 속도를 상승시켜 연소가스의 속도 $S_b$가 되어 화염대를 나온다. 화염대에 대한 혼합기체의 속도 $S_u$는 정상상태의 경우 연소에 의한 연료혼합기체의 소비속도, 즉 화학반응속도와 같다. 이 화학반응속도가 연소속도라고 정의되고 있다(그림 2.4(a) 참조).

② 확산연소

연료와 산화제인 공기 중의 산소가 예혼합화염처럼 미리 혼합되지 않고, 공기가 연료에 확산 혼합되어 연소되는 형태이다.

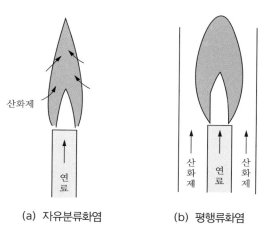

(a) 자유분류화염    (b) 평행류화염

그림 2.7 기체연료의 확산화염

그림 2.7은 연료와 산화제의 흐름에 따라 연소기에서 형성될 수 있는 확산화염의 형태를 나타낸 것으로, 자유분류화염과 평행류화염이 있다.

그림 2.8은 확산화염의 구조와 특징을 나타낸 것이다. 반응대는 산화제의 경계에 존재하고 이 반응대를 향해서 연료와 산화제가 확산을 통해 접근한다. 반응생성물과 중간생성물은 그 역방향으로 확산한다. 이와 같이 확산연소과정은 연료와 산화제의 혼합속도에 의존한다. 즉, 연소의 빠르기는 반응대로 향하는 양자의 확산속도에 의해 지배되고, 확산속도는 화염 부근의 화학종들의 농도분포에 의하여 변화한다.

반응대의 양쪽에서 생기는 확산영역이나 연료와 산화제의 상호확산에 의하여 생기는 혼합층(일반적으로 반응대와 일치함)은 당연히 화염 부근의 흐름장에 의해 큰 영향을 받는다. 확산영역(=확산층)의 폭은 꽤 두꺼운 반면 반응대는 대단히 얇다. 다만, 예혼합화염과 비교할 경우 확산화염의 반응대가 몇 배 이상 더 두꺼운 경우가 많다.

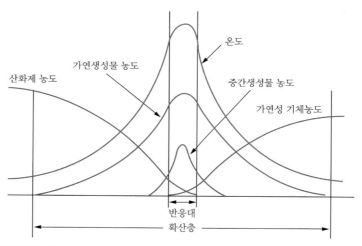

그림 2.8 **확산화염의 구조**

## (2) 액체연료

액체연료는 액상 그대로 반응하지 않고 일단 증발한 후 연료증기가 산화제와 반응하여 연소된다. 따라서 증발과정과 반응과정이 밀접하게 결부되어 있다. 액체연료의 표면적을 증대시켜 증발을 촉진하고 공기와의 접촉면적을 증가시키기 위해 여러 가지 미립화 방법이 고안되어 있다.

액체연료의 연소는 연료의 휘발 특성에 따라 다르다. 가솔린과 같이 휘발성이 높은 연료는 증발부와 연소부를 분리하여 기체연료와 같이 연소시키며, 중유와 같은 중질유는 액상에서 열분해가 일어나 발생가스가 연소되고, 부산물로 고정탄소가 생성되며 고체연료와 유사한 형태를 갖는다.

액체연료의 연소형태는 액면연소, 등심연소, 증발연소, 분무연소가 있다. 액체연료의 연소기는 이들 중 하나의 연소형태를 채용하고 있다.

### ① 액면연소

액면연소는 화염으로부터 복사나 대류로서 연료표면에 열이 전달되어 증발이 일어나고, 증기가 액면 위에서 공기와 접촉해서 확산연소를 행하는 것을 말한다. 대표적인 것으로 그림 2.9와 같은 포트연소가 있다. 포트연소는 고여 있는 액체연료 주위를 공기가 흐르면서 연소시키는데 공기의 유속이 증가할수록 연소속도가 증가된다. 주로 석유 스토브, 폐유 소각장치 등에 이용된다.

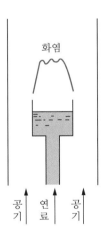

그림 2.9 액면연소

### ② 등심연소

그림 2.10은 가장 기본적인 등심연소의 형태이고, 석유 램프 등에 이용된다. 대류나 복사에 따라 화염에서 등심으로 열이 전해지며, 그 열에 따라 발

생한 연료 증기가 등심의 상부나 측면에서 확산 연소한다. 액체연료는 모세
관 현상에 의해 액에서 등심으로 빨려 위로 올라간다.

공기 유속이 작으면 분류 확산 화염과 같은 모양의 화염이 되지만, 공기
유속이 커지면 등심 상부에 환류영역이 생겨서 화염은 들뜨고 형태가 복잡
해진다. 또한 등심의 노출이 커지면 공기 유속에 비해 증발 속도가 커지므
로 산소의 확산이 부족하여 불완전 연소를 일으키고 그을음이 발생한다.

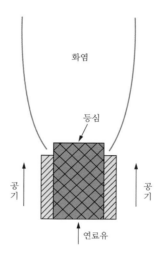

그림 2.10 등심연소

### ③ 증발연소

그림 2.11은 가스 터빈(gas turbine)이나 제트엔진(jet engine)에 이용되는
증발형 연소기(vaporizing combustor)이다.

등유와 같은 휘발성이 높은 액체연료가 공기와 같이 적열된 L자형의 증발
관으로 보내져 내부에서 증발한다. 이와 같이 발생하는 연료 증기와 공기와
의 농후한 혼합기(fuel-rich mixture)가 반대 방향에서 유입되는 공기류와 대
향류확산화염(counter flow diffusion flame)을 형성한다. 이 화염에 의해 증
발관이 가열되어 액체연료의 증발이 이루어진다.

이러한 증발형 연소기는 보통 분무연소기와는 달리 유적의 증발거리에 대
응하는 연소기의 길이가 필요치 않게 되므로 연소기가 짧아도 되는 이점이
있다.

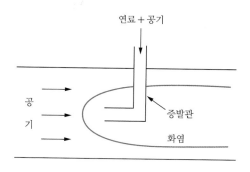

그림 2.11 증발연소

### ④ 분무연소

분무연소는 액체연료를 분무기로 무수한 미세의 유적을 미립화시켜서 공기(또는 산소)와 혼합하여 연소시키는 것이다.

그림 2.12는 액체연료 노즐로부터 연료가 고압 분사되어 미세액적이 되고, 그 주위에서 공기가 내부로 확산되어 연소가 진행된다. 이때 분무 내부의 유속, 온도, 유적 밀도, 증기 농도의 불균일이 생기는데, 이 현상은 무화액적의 외부로 갈수록 크다. 또한 그곳에서는 예상한 대로 온도나 농도의 현저한 맥동을 볼 수 있다. 화염의 발화(ignition)는 이 분무 외부에서 생겨 화염 전파에 따라 전체적으로 확대된다.

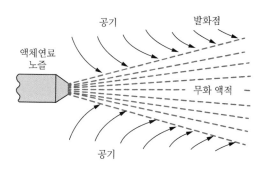

그림 2.12 분무연소

연소 과정은 유적의 증발에 따라 발생한 연료 증기가 처음의 유적과 독립하여 연소하는 일도 있으며, 연료 증기가 유적을 둘러싼 전주염(envelope flame) 또는 유적의 뒤쪽 흐름에서 생기는 후류염(wake flame)으로 연소하는 일도 있다. 따라서 분무연소를 구성하는 과정으로서 액체연료의 미립화, 분무와 공기 또는 산소와의 혼합, 유적의 증발과 연소가 있다.

분무의 착화 과정은 대단히 복잡하다. 미립화나 주위 가스의 유인, 혼합으로 인한 유체역학적·기체역학적 현상, 유적으로의 전열이나 유적의 증발로 인한 열·물질 수송 현상, 증기층 속에서의 화학반응, 반응 중의 증기층과 주위 가스 사이에서 열이나 물질의 교환, 난류가 있는 점성 유체 속에서 유적의 비행으로 인한 역학적 현상 등 많은 현상이 복합적으로 상호 간섭을 일으키며 진행된다.

## (3) 고체연료

고체연료의 연소형태는 증발연소, 분해연소, 표면연소가 있다.

- 증발연소는 비교적 융점이 낮은 고체연료가 연소하기 전에 액상으로 융해한 후 증발하여 연소하는 것이다. 증발온도가 열분해 온도보다 낮은 경우 일어나며, 촛불과 같은 파라핀계 고급탄화수소 연소가 이에 속한다. 증발연소는 용융이 필요한 것 외에는 액체연료 연소와 거의 같으므로 고체연료에서는 중요하지 않고 아래 기술된 분해연소와 표면연소가 공업상 가장 중요시 되고 있다.

- 분해연소는 증발온도보다 분해온도가 낮은 고체연료의 경우로, 가열에 의해 열분해를 일으키고 휘발하기 쉬운 성분이 표면에서 떨어진 곳에서 연소하는 현상이다. 일반적으로 열분해연소 후 고체 분이 남아 표면에서 연소되며, 종이, 목재, 석탄 등 대부분의 고체연료가 이에 속한다.

- 표면연소는 휘발분이 거의 포함되지 않은 목탄, 코크스(coke) 또는 이미 언급된 분해연소 후 고정탄소(fixed carbon)의 연소에서 볼 수 있다. 산화제인 산소 또는 산화성 가스($CO_2$, $H_2O$ 등)가 고체표면 및 내부기공 표면으로 확산하여 표면반응을 한다.

그림 2.13은 목재, 석탄 등과 같은 고체연료(주성분 탄소로 가정)가 표면연소와 분해연소가 동시에 진행되는 경우 탄소입자 주변의 기체성분과 온도를 나타낸 것이다.

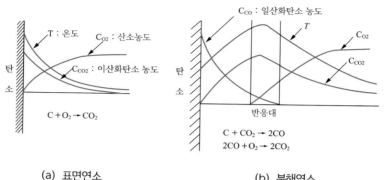

(a) 표면연소　　　　　　　　(b) 분해연소

그림 2.13 **고체연료 탄소입자의 연소현상**

## 2 연소장치

연소장치에는 연료의 특성에 따라 달라질 수 있는데, 고체연료, 액체연료, 기체연료 연소장치로 구분된다.

## 1. 고체연료 연소장치

고체연료 연소장치는 화격자방식, 미분탄 버너방식, 유동층방식으로 구분된다.

### (1) 화격자 연소장치

화격자(grate)는 고정식(fixed bed type)과 이동식(moving grate type)이 있으며, 특별히 이동식 화격자를 스토커(stoker)라고도 한다. 또한 이동식의 경우 계단식 스토커와 체인 스토커(chain stoker)가 있으며, 이 외에도 다양한 조합으로 이루어진 여러 가지 스토커가 존재한다.

고정식 화격자는 주로 중·소형에 사용되며 연료를 간헐적으로 주입하는 배치형태(batch type)의 주입방식이다. 그림 2.14와 같이 갈탄이 덩어리 모양의 형태가 고정식 화격자 상부에 연료층을 이루어 연소로 벽면으로 연소용 공기가 공급되고 연소된 재는 하부로 낙하되어 처리된다.

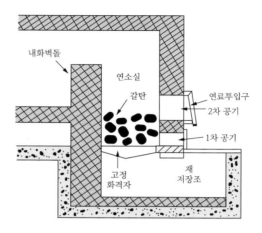

그림 2.14 **고정식 화격자 연소장치**

이동식 화격자인 계단식 스토커는 유압 등으로 구동되는 기계식 화격자 셀이 계단모양으로 배치되어, 고체연료가 순차적으로 혼합–교반을 하면서 이동과정을 거쳐 연소가 진행되는 구조이다.

그림 2.15와 같이 호퍼(hopper)로 고체연료가 연소실 안으로 투입되어 건조–연소–후연소과정을 거치면서 재(ash) 상태로 배출된다. 1차 연소용 공기는 스토커 하부로부터 유입되어 건조와 연소에 이용되고, 1차 연소에서 미연된 탄화수소와 검댕(soot)은 연소실 후단부에서 2차 공기가 주입되어 완전연소를 이룬다. 주로 연소가 곤란한 저질탄 또는 고형 폐기물 등에 적용된다.

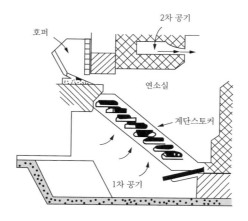

그림 2.15 계단식 스토커 연소장치

이동식 화격자인 체인 스토커(chain stoker)는 다수의 화격자 조각을 체인 링크(chain link)에 무한궤도형으로 설치하여 화격자 면을 구성하는 형태이다. 그림 2.16과 같이 고체연료인 석탄은 호퍼로 유입되어 이동하는 화격자 상부로 연속적으로 투여되면서 하부로 공급되는 공기에 의해 연소되어 재로 방출되는 것이다.

체인 스토커는 연료층을 항상 균일하게 제어할 수 있으므로 이송이 균일하고 연소효율이 좋다. 그러나 교반이 충분하지 않아 연료의 품질변동에 적용성이 좋지 않으며, 설비비 및 운전비가 비싸다.

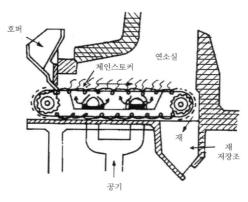

그림 2.16 체인식 스토커 연소장치

## (2) 미분탄 버너 연소장치

분쇄기에서 분쇄된 석탄미립자(200 mesh(=74 $\mu$m)인 체(sieve)로 걸러서 통과하는 비율이 80% 정도)를 1차 공기와 혼합하여 버너로 분사한 후 부유시켜 연소시키는 방법을 미분탄연소(pulverized coal combustion)라고 한다.

화격자연소에서 노가 대형화하면 화염층의 온도가 상승하여 클링커(clinker) 장해(=재가 용융하여 큰 덩어리를 형성하는 것)를 일으키기 쉬우나, 미분탄연소에서는 그러한 염려가 없으므로 연소실의 공간을 유용하게 이용할 수 있다. 또 대형화했을 때의 설비비가 화격자연소에 비해 낮을 뿐만 아니라, 부하변동에 대한 응답성도 우수하기 때문에 대용량의 연소로 적합하다. 더욱이 화격자연소보다도 낮은 공기비로써 높은 연소효율을 얻을 수 있는 이점도 있다. 그러나 석탄을 미분쇄하는 비용과 동력이 요구되며, 석탄의 종류에 따른 탄력성이 부족하고, 로벽 및 전열면에서 재의 퇴적이 많은 점 등으로 소형의 연소로에서 적합하지 않다.

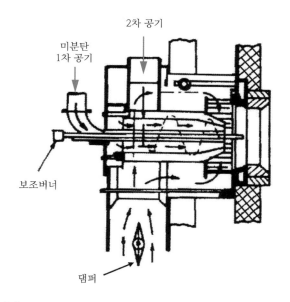

그림 2.17 **미분탄 버너**

미분탄을 연소시키는 장치인 미분탄 버너는 그림 2.17과 같이 이 미분탄이 운반용 공기인 1차 공기와 번 노즐을 통해 유입되고, 나머지 연소용 공기는 댐퍼에 의해 조절되어 2차 공기로 주입된다.

2차 공기의 주입방식에 따라 선회를 주는 경우 선회류 버너 그리고 주지 않는 경우를 편평류 버너라 한다. 선회류 버너의 경우 1차 공기와 주입되는 미분탄과 선회 2차 연소용 공기의 혼합이 잘 이루어져 연소강도가 크고 화염이 짧다. 따라서 연소성이 좋고 미연성분인 탄화수소와 검댕이 등이 적게 배출된다. 그러나 고온에서 생성되는 고온 $NO_x$(Thermal $NO_x$)가 증가된다.

### (3) 유동층 연소장치

유동층연소는 그림 2.18과 같이 다공 분산판 위에 석탄입자와 유동화 모래(또는 석탄석이나 백운석의 입자)가 혼재되어 분산판 하부에서 유입되는 공기에 의해 유동되면서 연소하는 방식이다.

하부 유동화 공기유속이 낮으면 공기는 입자간의 틈새를 통해 흐를 뿐이지만, 유동 개시유속을 넘으면 공기가 모래(+고체연료)를 불어 날리면서 상하 방향으로 격렬하게 교반된다. 모래의 열용량과 연료와의 격렬한 교반에 의한 열전달에 의해 유동층의 온도가 거의 균일하게 된다. 이러한 큰 열용량과 균일온도 조건이 연소의 프로세스를 변화시켜 700~950℃의 낮은 온

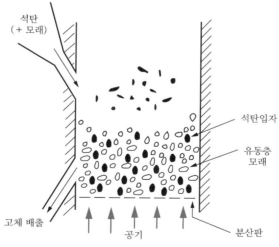

그림 2.18 유동층 연소장치

도에서도 안정되게 연소한다. 유동층 안에서는 화염전파가 필요없고, 층의 온도를 유지하는 만큼의 발열만 있으면 되는데, 석탄은 700℃ 정도이면 충분하다.

유동층연소는 미분탄연소와 달리 석탄입자의 체류시간이 공기 및 연소 가스의 체류시간과 무관하므로, 미분쇄할 필요가 없어 분쇄처리비용이 절감된다. 그리고 고체 유동매체의 연료로의 높은 열전달로 인해 저온에서 완전연소가 가능해 미연공해물질의 저감이 가능하고, 저온연소와 난류혼합이 좋아 저과잉공기 연소가 가능하여 $NO_x$를 저감시길 수 있다. 고체연료에 많이 포함되어 있는 황(S)으로 배출되는 $SO_x$를 저감하기 위해 유동층매체를 석회석($CaCO_3$) 입자로 이용하면 석고($CaSO_4$)로 전환하여 처리할 수 있다.

그러나 충동 분쇄 미세입자가 유동층연소로 밖으로 배출되는 문제가 있어 사이클론 등 집진기 부하가 크고, 유동화 속도범위가 좁아 부하변동에 따른 적응력이 나쁘다는 단점이 있다.

## 2. 액체연료 연소장치

액체연료는 연료유를 노즐에서 분사·미립화해 고온 분위기에서 가열하여 증기상태로 연소용공기와 혼합시켜 단시간에 완전연소시키는 장치가 오일버너라 한다. 오일버너의 종류는 액체연료를 분무하는 방식에 따라 유압분무식, 회전식, 고압증기(또는 공기)식, 저압공기식 버너가 있다.

### (1) 유압분무식 버너

유압식 버너는 연료유를 가압한 후 작은 구멍이 있는 노즐에서 분사해서 무화시키는 것이며, 그림 2.19(a)와 같은 구조를 하고 있다. 펌프로 압송된 연료유가 선회실에서 선회하면서 노즐로부터 분출되어 미립화된다. 연료유의 분사각도는 오일의 압력, 점도 등으로 약간 달라지지만 60~90° 정도의 넓은 각도이다. 유량조절범위를 나타내는 턴다운비(turn down ratio)는 1 : 1.5이다. 유압분무식에서는 턴다운비를 넓히기 위해 주로 반송유압식 버너가 사용되는데, 그 구조는 그림 2.19(b)와 같다. 턴다운비는 1 : 3이다.

유압분무식은 다른 버너에 비해 유량조절범위, 즉 턴다운비가 작고, 노즐

오일공급 유압은 $10 \sim 40 \ \text{kgf/cm}^2$이다. 연료유를 미립화하기 위해서는 기름의 점도를 낮출 필요가 있으며, 이를 위해서 점도가 높은 기름을 사용할 때는 특히 공급 오일의 온도조절이 중요하다.

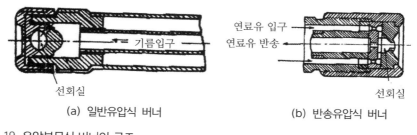

|  |  |
|---|---|
| (a) 일반유압식 버너 | (b) 반송유압식 버너 |

그림 2.19 유압분무식 버너의 구조

## (2) 회전식 버너

회전식 오일버너는 그림 2.20과 같이 오일을 회전 원심력에 의해 미립화하는 오일캡, 오일캡(oil cap)의 주위로부터 연소용 공기를 공급하는 블로워, 오일을 오일캡으로 보내기 위하여 중심에 설치한 파이프형 회전축과 그 축과 이에 연결된 오일캡을 회전시키는 구동 모터의 조합으로 이루어져 있다.

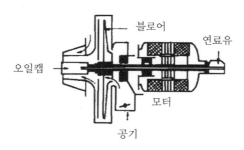

그림 2.20 회전식 버너의 구조

오일캡은 $3,000 \sim 5,000 \ \text{rpm}$으로 회전하고, 오일캡 내에 보내진 오일은 얇은 유막이 되며, 유막은 캡의 선단과 떨어지는 동시에 블로워로부터의 공기로 분무가 된다. 이 버너는 부속설비가 거의 없고, 불꽃은 짧지만, 안정된 연소를 얻을 수 있기 때문에 중소 용량의 버너로서 독특한 구조를 지니며

넓게 사용된다. 유압분무식 버너에 비해서 분무의 입자는 비교적 크기 때문에 사용하는 오일은 점도가 작을수록 분무상태가 좋아진다. 유압은 0.5 kgf/cm² 전후이며, 턴다운비는 1 : 5로 상당히 넓어서 사용하기가 용이하다.

### (3) 고압증기(또는 공기)식 버너

연료유가 고압의 증기에 의해 공급되는 고압증기식(그림 2.21(a))과 고압 공기에 의해 공급되는 고압공기식 버너(그림 2.21(b))에 의해 무화를 하는 버너이다. 공급 증기압 또는 공기압은 2~10 kgf/cm²이고, 무화에 사용하는 공기량은 전 이론 공기량의 7~12%이다. 턴다운비는 1 : 10으로 대단히 넓 다. 그리고 고압증기식은 무화가 양호하기 때문에 고점도유 사용에 적합하 며, 대형 가열로 등에 많이 사용된다. 노즐 분무각도가 20~30°로 작아 장염 이 형성되며, 연소 시 소음이 발생된다.

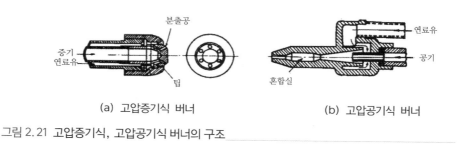

(a) 고압증기식 버너     (b) 고압공기식 버너

그림 2.21 **고압증기식, 고압공기식 버너의 구조**

### (4) 저압 공기식 버너

저압 공기식 버너는 그림 2.22와 같은 구조를 가지며, 저압 공기를 사용해 서 연료유를 분무한다. 공기압은 400~1,500 mmH₂O이며, 턴다운비는 1 : 7 이고, 오일 공급량은 2~200 L/h 범위이다. 저압 공기를 사용하는 까닭에 무 화에 사용하는 공기량은 전 이론 공기량의 30~50%에 이른다. 주로 소형 가 열로 등에 사용한다. 고압 증기를 얻지 못하는 경우에 편리하며, 구조가 간단 하고, 가격이 저렴하지만 무화상태는 그렇게 좋지 않아 연소성이 떨어진다.

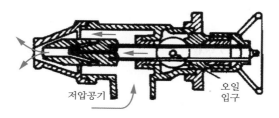

저압공기      오일
입구

그림 2.22  저압공기 분무 버너

## 3. 기체연료 연소장치

　가스버너는 연료와 공기의 공급방식에 따라 확산형 가스버너와 예혼합형 가스버너로 구분된다.

### (1) 확산형 가스버너

　확산버너는 그림 2.23과 같이 가스연료와 공기가 각각 공급되어 확산에 의해 혼합되어 연소되는 형태이다.

　역화의 염려가 없고 화염의 안정성이 좋아서 보일러와 같은 비교적 큰 연소실에서 대량의 가스를 사용할 때 적합하다. 고로가스처럼 발열량이 작은 가스를 연소하는 버너는 연소용 공기보다도 연료가스의 양이 많으므로 가스유로에 안내를 설치하여 선회시킬 필요가 있다. 확산버너는 가열로 등의 화염 길이와 휘도를 조정할 때에도 많이 사용된다.

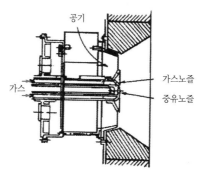

공기

가스노즐

중유노즐

가스

그림 2.23  확산형 가스버너 형태

## (2) 예혼합형 가스버너

예혼합형 버너는 연료가스와 연소용 공기를 미리 혼합한 상태로 연소시키는 것이므로, 연소효율은 거의 100%가 된다. 짧은 화염이 형성되어 장치가 컴팩트하지만, 역화가 일어나기 쉽다.

가스의 공급압력에 따라 저압 가스버너와 고압 가스버너로 구분된다.

• 저압 가스버너는 가스연료의 공급압력이 70~160 mmH$_2$O 정도인 경우이다. 가스의 공급압력이 고압 가스버너에 비해 상대적으로 작기는 하나 충분히 공기를 흡입해서 연소시킬 수 있으므로 송풍기를 사용하지 않으며, 주로 가정용과 소형 공업용 버너에 많이 사용된다.

그림 2.24는 저압 가스버너의 예이다. 염공(flame hole)의 배열이 원형 슬리트(slit)의 형태이며 세로 슬리트 또는 가로 슬리트로 구분된다.

저압 버너에서는 압력이 낮기 때문에 버너 염공에서 혼합기체의 속도를 크게 할 수 없어 역화(back fire)의 위험이 있다. 따라서 역화방지를 위해 1차 공기량으로써 이론 공기량의 약 60%를 흡입하도록 한다. 2차 공기에서 불꽃이 확산되도록 하기 때문에 공기 중에서는 그대로 연소하고 노에 설치하는 경우에는 노 내를 부압으로 해서 2차 공기를 흡인하는 방법을 취한다.

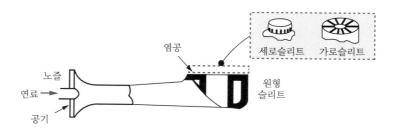

그림 2.24 저압 가스버너

• 고압 가스버너는 가스압력을 2 kgf/cm$^2$ 이상으로 한다.

그림 2.25는 고압 버너에 공기의 흡입 부분을 설치한 예이다. 압축 가스봄베가 충전된 상태에서 고압으로 공급된 가스연료와 공기가 연소로로 유입되기 전에 혼합하여 공급되는 경우에는 연소로 내가 다소 정압이라도 1차 공기의 흡입량이 충분히 획득되기 때문에 안정된 연소가 가능하다. 주로 소형

의 고온로 등에 사용할 수 있다.

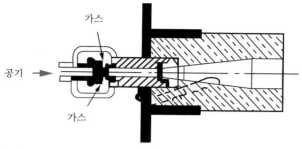

그림 2.25  고압 가스버너

## Chapter 03

# 연료별 연소계산

## 1 연료별 연소계산

연료 중 가연성분은 탄소(C), 수소(H), 황(S)으로 구성되어 있다. 연소계산의 경우 액체 및 고체연료는 각 성분별로 계산하고, 기체연료의 경우는 메탄($CH_4$), 프로판($C_3H_8$) 등과 같이 이들 성분이 결합된 형태로 이루어진다.

## 1. 액체 및 고체연료

### (1) 부피기준 계산

• 탄소

$$C + O_2 + (N_2) = CO_2 + (N_2) \tag{3.1}$$

$$12\,kg \quad 22.4\,Nm^3 \qquad\qquad 22.4\,Nm^3$$

$$1\,kg \quad 1.87\,Nm^3 \quad 7.03\,Nm^3 \quad 1.87\,Nm^3 \quad 7.03\,Nm^3$$

$$(= 1.87 \times 79/21)$$

– 이론 산소량 ($O_o$) = $1.87\ [Nm^3/kg]$
– 이론 공기량 ($A_o$) = $1.87 + 7.03 = 8.9\ [Nm^3/kg]$
– 이론 건배가스량 ($G_{od}$) = $1.87 + 7.03 = 8.9\ [Nm^3/kg]$

• 수소

$$H_2 + \frac{1}{2}O_2 + (N_2) = H_2O + (N_2) \tag{3.2}$$

$$2\,kg \quad 11.2\,Nm^3 \qquad\qquad 22.4\,Nm^3$$

$$1\,kg \quad 5.6\,Nm^3 \quad 21.1\,Nm^3 \quad 11.2\,Nm^3 \quad 21.1\,Nm^3$$

– 이론 산소량 $(O_o) = 5.6 \ [\mathrm{Nm^3/kg}]$

– 이론 공기량 $(A_o) = 5.6 + 21.1 = 26.7 \ [\mathrm{Nm^3/kg}]$

– 이론 건배가스량 $(G_{od}) = 21.1 \ [\mathrm{Nm^3/kg}]$

– 이론 습배가스량 $(G_{ow}) = 21.1 + 11.2 = 32.3 \ [\mathrm{Nm^3/kg}]$

• 황

$$S + O_2 + (N_2) = SO_2 + (N_2) \tag{3.3}$$

$32\,\mathrm{kg} \quad 22.4\,\mathrm{Nm^3} \qquad\qquad 22.4\,\mathrm{Nm^3}$

$1\,\mathrm{kg} \quad 0.7\,\mathrm{Nm^3} \quad 2.63\,\mathrm{Nm^3} \quad 0.7\,\mathrm{Nm^3} \quad 2.63\,\mathrm{Nm^3}$

– 이론 산소량 $(O_o) = 0.7 \ [\mathrm{Nm^3/kg}]$

– 이론 공기량 $(A_o) = 0.7 + 2.63 = 3.33 \ [\mathrm{Nm^3/kg}]$

– 이론 건배가스량 $(G_{od}) = 0.7 + 2.63 = 3.33 \ [\mathrm{Nm^3/kg}]$

## (2) 중량기준 계산

• 탄소 (C)

$$C + O_2 + (N_2) = CO_2 + (N_2) \tag{3.4}$$

$12\,\mathrm{kg} \quad 32\mathrm{kg} \qquad\qquad 44\mathrm{kg}$

$1\,\mathrm{kg} \quad 2.67\,\mathrm{kg} \quad 8.94\,\mathrm{kg} \quad 3.67\,\mathrm{kg} \quad 8.94\mathrm{kg}$

– $O_{ow} = 2.67\,[\mathrm{kg/kg}]$

– $A_{ow} = 2.67 + 8.94 = 11.61\,[\mathrm{kg/kg}]$

– $G_{odw} = 3.67 + 8.94 = 12.61\,[\mathrm{kg/kg}]$

• 수소 (H₂)

$$H_2 + \frac{1}{2}O_2 + (N_2) = H_2 0 + (N_2) \tag{3.5}$$

$2\,\mathrm{kg} \quad 16\,\mathrm{kg} \qquad\qquad 18\mathrm{kg}$

$1\,\mathrm{kg} \quad 8\,\mathrm{kg} \quad 26.78\,\mathrm{kg} \quad 9\,\mathrm{kg} \quad 26.78\,\mathrm{kg}$

– $O_{ow} = 8\,[\mathrm{kg/kg}]$

– $A_{ow} = 8 + 26.78 = 34.78\,[\mathrm{kg/kg}]$

– $G_{odw} = 26.78\,[\mathrm{kg/kg}]$

– $G_{oww} = 9 + 26.78 = 35.78\,[\mathrm{kg/kg}]$

• 황 (S)

$$\mathrm{S} + \mathrm{O_2} + (\mathrm{N_2}) = \mathrm{SO_2} + (\mathrm{N_2}) \tag{3.6}$$

$32\,\mathrm{kg} \quad 32\,\mathrm{kg} \qquad\qquad\qquad 64\,\mathrm{kg}$

$1\,\mathrm{kg} \quad\ \ 1\,\mathrm{kg} \quad\ \ 3.35\,\mathrm{kg} \quad\ \ 2\,\mathrm{kg} \quad\ \ 3.35\,\mathrm{kg}$

– $O_{ow} = 1\,[\mathrm{kg/kg}]$

– $A_{ow} = 1 + 3.35 = 4.35\,[\mathrm{kg/kg}]$

– $G_{odw} = 2 + 3.35 = 5.35\,[\mathrm{kg/kg}]$

## 2. 기체연료

• 수소

$$\mathrm{H_2} + \frac{1}{2}\mathrm{O_2} + (\mathrm{N_2}) = \mathrm{H_2O} + (\mathrm{N_2}) \tag{3.7}$$

$1\,\mathrm{Nm^3} \ \ 0.5\,\mathrm{Nm^3} \quad 1.88\,\mathrm{Nm^3} \quad 1\,\mathrm{Nm^3} \quad 1.88\,\mathrm{Nm^3}$

– 이론 산소량 $(O_o{}') = 0.5\ [\mathrm{Nm^3/Nm^3}]$

– 이론 공기량 $(A_o{}') = 0.5 + 1.88 = 2.38\ [\mathrm{Nm^3/Nm^3}]$

– 이론 건배가스량 $(G_{od}{}') = 1.88\ [\mathrm{Nm^3/Nm^3}]$

– 이론 습배가스량 $(G_{ow}{}') = 1 + 1.88 = 2.88\ [\mathrm{Nm^3/Nm^3}]$

• 일산화탄소

$$\mathrm{CO} + \frac{1}{2}\mathrm{O_2} + (\mathrm{N_2}) = \mathrm{CO} + (\mathrm{N_2}) \tag{3.8}$$

$1\,\mathrm{Nm^3} \ \ 0.5\,\mathrm{Nm^3} \quad 1.88\mathrm{Nm^3} \quad 1\,\mathrm{Nm^3} \quad 1.88\mathrm{Nm^3}$

- 이론 산소량 $(O_o') = 0.5 \ [\mathrm{Nm^3/Nm^3}]$
- 이론 공기량 $(A_o') = 0.5 + 1.88 = 2.38 \ [\mathrm{Nm^3/Nm^3}]$
- 이론 습배가스량 $(G_{ow}') = 1 + 1.88 = 2.88 \ [\mathrm{Nm^3/Nm^3}]$

• 메탄

$$CH_4 + 2O_2 + (N_2) = CO_2 + 2H_2O \ (N_2) \tag{3.9}$$

$$1\,\mathrm{Nm^3} \quad 2\,\mathrm{Nm^3} \quad 7.52\,\mathrm{Nm^3} \quad 1\,\mathrm{Nm^3} \quad 2\,\mathrm{Nm^3} \quad 7.52\,\mathrm{Nm^3}$$

- 이론 산소량 $(O_o') = 2 \ [\mathrm{Nm^3/Nm^3}]$
- 이론 공기량 $(A_o') = 2 + 7.52 = 9.52 \ [\mathrm{Nm^3/Nm^3}]$
- 이론 건배가스량 $(G_{od}') = 1 + 7.52 = 8.52 \ [\mathrm{Nm^3/Nm^3}]$
- 이론 습배가스량 $(G_{ow}') = 1 + 2 + 7.52 = 10.52 \ [\mathrm{Nm^3/Nm^3}]$

• 에틸렌

$$C_2H_4 + 3O_2 + (N_2) = 2CO_2 + 2H_2O \ (N_2) \tag{3.10}$$

$$1\,\mathrm{Nm^3} \quad 3\,\mathrm{Nm^3} \quad 11.29\,\mathrm{Nm^3} \quad 2\,\mathrm{Nm^3} \quad 2\,\mathrm{Nm^3} \quad 11.29\,\mathrm{Nm^3}$$

- 이론 산소량 $(O_o') = 3 \ [\mathrm{Nm^3/Nm^3}]$
- 이론 공기량 $(A_o') = 3 + 11.29 = 14.29 \ [\mathrm{Nm^3/Nm^3}]$
- 이론 건배가스량 $(G_{od}') = 2 + 11.29 = 13.29 \ [\mathrm{Nm^3/Nm^3}]$
- 이론 습배가스량 $(G_{ow}') = 2 + 2 + 11.29 = 15.29 \ [\mathrm{Nm^3/Nm^3}]$

• 탄화수소

$$C_xH_y + \left(x + \frac{y}{4}\right)O_2 + (N_2) = xCO_2 + \frac{y}{2}H_2O + (N_2) \tag{3.11}$$

- 이론 산소량 $O_o' = x + \dfrac{y}{4} \ \ [\mathrm{Nm^3/Nm^3}]$

- 이론 공기량 $A_o' = \dfrac{O_o}{0.21} = \dfrac{1}{0.21}\left(x + \dfrac{y}{4}\right)$

$$= 4.76x + 1.19y \ [\mathrm{Nm^3/Nm^3}]$$

- 이론 건배가스량 $G'_{od} = x + 0.79A_o' \ [\mathrm{Nm^3/Nm^3}]$

– 이론 습배가스량 $G'_{ow} = x + \dfrac{y}{2} + 0.79\,A'_o\,[\mathrm{Nm^3/Nm^3}]$

## 2 이론 연소계산

### 1. 이론 산소량

(1) 액체 및 고체연료 ($O_o$)

$$O_o = 1.87\,\mathrm{C} + 5.6\left(\mathrm{H} - \frac{\mathrm{O}}{8}\right) + 0.7\,\mathrm{S}\ [\mathrm{Nm^3/kg}] \tag{3.12}$$

$$O_{ow} = 2.67\,\mathrm{C} + 8\left(\mathrm{H} - \frac{\mathrm{O}}{8}\right) + \mathrm{S}\ [\mathrm{kg/kg}] \tag{3.13}$$

(2) 기체연료 ($O_o{'}$)

$$O_o{'} = 0.5\,\mathrm{H_2} + 0.5\,\mathrm{CO} + 2\mathrm{CH_4} + 3\mathrm{C_2H_4} + \cdots$$
$$+ \left(x + \frac{y}{4}\right)\mathrm{C}_x\mathrm{H}_y - \mathrm{O_2}\,[\mathrm{Nm^3/Nm^3}] \tag{3.14}$$

### 2. 이론 공기량

(1) 액체 및 고체연료 ($A_o$)

$$A_o = \frac{O_o}{0.21} = \frac{1}{0.21}\left[1.87\,\mathrm{C} + 5.6\left(\mathrm{H} - \frac{\mathrm{O}}{8}\right) + 0.7\mathrm{S}\right]$$
$$= 8.89\,\mathrm{C} + 26.67\left(\mathrm{H} - \frac{\mathrm{O}}{8}\right) + 3.33\mathrm{S}\ [\mathrm{Nm^3/Nm^3}] \tag{3.15}$$

$$A_{ow} = \frac{O_{ow}}{0.23} = \frac{1}{0.23}\left[2.67\mathrm{C} + 8H + \mathrm{S} - \mathrm{O}\right]$$
$$= 11.61\mathrm{C} + 34.78\mathrm{H} + 4.35\mathrm{S} - 4.35\mathrm{O}\ [\mathrm{kg/kg}] \tag{3.16}$$

## (2) 기체연료 ($A_o{}'$)

$$A_o{}' = \frac{O_o{}'}{0.21} = \frac{1}{0.21} \left[ 0.5H_2 + 0.5CO + 2CH_4 + 3C_2H_4 \right.$$

$$+ \cdots \cdots + \left(x + \frac{y}{4}\right) C_xH_y - O_2 \Big]$$

$$= 2.38\,(H_2 + CO) - 4.76O_2 + 9.52CH_4$$

$$+ 14.29C_2H_4 + \cdots + (4.76x + 1.19y)C_xH_y\,[\mathrm{Nm^3/Nm^3}] \quad (3.17)$$

# 3. 이론 연소가스량 ($G_o$)

## (1) 이론 습배가스량

### ① 액체 및 고체연료 ($G_{ow}$)

$$G_{ow} = 8.89C + 32.3\left(H - \frac{O}{8}\right) + 3.33S + 0.8N$$

$$+ 1.4O + 1.24W \ \ [\mathrm{Nm^3/kg}] \quad (3.18)$$

$$G_{oww} = 12.61C + 35.78\left(H - \frac{O}{8}\right) + 5.35S + N + 1.13O + W \ \ [\mathrm{kg/kg}]$$

$$(3.19)$$

### ② 기체연료 ($G_{ow}{}'$)

$$G_{ow}{}' = 2.88\,(H_2 + CO) + 10.52CH_4 + 15.29C_2H_4$$

$$+ CO_2 + N_2 - 3.76O_{2f} + \cdots$$

$$+ \left(x + \frac{y}{2} + 0.79A_o{}'\right) C_xH_y\,[\mathrm{Nm^3/Nm^3}] \quad (3.20)$$

## (2) 이론건배가스량

### ① 액체 및 고체연료 ($G_{od}$)

$$G_{od} = 8.9C + 21.07\left(H - \frac{O}{8}\right) + 3.33S + 0.8N \ [Nm^3/kg] \tag{3.21}$$

$$G_{odw} = 12.61C + 26.78\left(H - \frac{O}{8}\right) + 5.35S + N \ [kg/kg] \tag{3.22}$$

### ② 기체연료 ($G_{od}{}'$)

$$G_{od}{}' = 1.88H_2 + 2.88CO + 8.54CH_4 + 13.29C_2H_4 + CO_2$$
$$+ N_2 - 3.76O_2 + ... + (n + 0.79A_o{}')C_xH_y \ [Nm^3/Nm^3] \tag{3.23}$$

## (3) 연소생성 수증기량

### ① 액체 및 고체연료 ($W_g$)

$$W_g = G_{ow} - G_{od} = \text{식 } 3.18 - \text{식 } 3.21$$
$$W_g = 11.2H + 1.24W \ [Nm^3/kg] \tag{3.24}$$
$$W_g = G_{oww} - G_{odw} = \text{식 } 3.19 - \text{식 } 3.22$$
$$W_{gw} = 9H + W \ [kg/kg] \tag{3.25}$$

### ② 기체연료 ($W_g{}'$)

$$W_g{}' = G_{ow}{}' - G_{od}{}' = \text{식 } 3.20 - \text{식 } 3.23$$
$$W_g{}' = H_2 + 2CH_4 + 2C_2H_4 + \cdot\cdot\cdot + \frac{y}{2}C_xH_y \ [Nm^3/Nm^3] \tag{3.26}$$

## 3 소요 공기량

## 1. 공기비의 정의

### (1) 공기비(Air ratio, $m$)

공기비는 공기연료비(Air/Fuel Ratio, AFR)의 비로 정의할 수 있다. 즉, 이론 공연비(A/F)stoi와 실제 공연비(A/F)act의 비이다.

$$m = \frac{(A/F)_{act}}{(A/F)_{stoi}} \tag{3.27}$$

또한 공기비는 실제 공기량(A)과 이론 공기량(Ao)의 비로 나타낸다.

$$m = \frac{A}{A_o} \tag{3.28}$$

그림 3.1과 같이 연소 시 공기비 변화에 대한 배기가스의 성분을 살펴보면 다음과 같다. 이론적으로는 연료와 산화제인 공기 중 산소가 완전히 혼합된 상태에서 연소반응이 이루어져 실선과 같은 결과를 보인다. 그러나 실제로는 완전한 혼합이 어려워 점선과 같은 관계를 보인다.

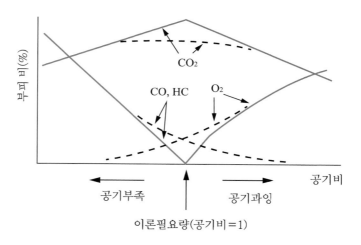

그림 3.1 연소 시 공기비 변화에 대한 배기가스 성분의 발생량

공기비가 1보다 적은 경우 공기량이 부족하여 CO가 많고 $CO_2$가 적다. 반대로 공기비가 충분하면 완전연소가 되고 그 양이 증가됨에 따라 희석되어 CO가 감소하게 된다. 이와 같이 이론 공기량보다 많이 공급되는 것을 과잉공기라 하며, 과잉공기로 공급될 때 공기비는 1보다 커진다.

## (2) 배기가스 조성으로부터의 공기비 계산

공기비를 완전연소와 불완전연소 시 배기가스의 질소와 산소의 농도로 구할 수 있다.

• 완전연소

$$m = \frac{(N_2)/0.79}{(N_2)/0.79 - (O_2)/0.21}$$
$$= \frac{21(N_2)}{21(N_2) - 79(O_2)} \tag{3.29}$$

• 불완전연소

$$m = \frac{21(N_2)}{21(N_2) - 79\{(O_2) - 0.5(CO)\}} \tag{3.30}$$

여기서 $(N_2)\% = 100 - [(CO_2) + (O_2) + (CO)]$ 이다.

공기비는 표 3.1과 같이 연료의 종류 또는 연소장치에 따라 다르게 운전되는데, 일반적으로 연료와 공기의 혼합이 상대적으로 쉬운 기체, 액체, 고체연료 순으로 공기비가 적게 공급된다. 연소설비에서 공기비가 필요 이상 크면 공기량의 과도한 공급으로 배기폐열손실이 많아진다.

표 3.1 **연소방법과 공기비**

| 연소 방법 | 가스버너 | 유류버너 | 미분탄 버너 | 이동화격자 | 수동수평화격자 |
|---|---|---|---|---|---|
| m의 값 | 1.1~1.2 | 1.2~1.4 | 1.2~1.4 | 1.3~1.6 | 1.5~2.0 |
| $CO_2$ (%) | 8~20 | 11~14 | 11~15 | 10~14 | 8~10 |

**예제 3.1**

연료의 성분이 C : 86 wt%, H : 14 wt%인 액체연료를 100 $[kg/h]$로 공급한 후 연소시켜, $CO_2$ = 12.5%, $O_2$ = 3.5%, $N_2$ = 84%로 배기가스가 배출될 때 필요공기량 $[Nm^3/h]$은 얼마인가?

$$A_o = \frac{1}{0.21}\left[1.87C + 5.6H + 0.7S - 0.7O\right] \ [Nm^3/kg]$$

$$= \frac{1}{0.21}\left[1.87(0.86) + 5.6(0.14)\right] = 11.39 \ [Nm^3/kg]$$

$$m = \frac{21(N_2)}{21(N_2) - 79(O_2)} = \frac{21(84)}{21(84) - 79(3.5)}$$

$$A = mA_o = 1.186 \times 11.39 = 13.51 \ [Nm^3/kg]$$

$\therefore$ 연료 100 kg/h에 대한 실제 공기량 ; 13.51×100 = 1,351 $[Nm^3/h]$

## 2. 당량비(Equivalent ratio, ∅)

당량비는 연료의 공급량을 기준으로 정의한 것으로, 공기비의 역수이다. 즉, 당량비가 1일 때 연료와 산화제인 공기의 혼합이 이상적인 상태이다. 당량비가 1보다 작은 경우 연료가 이상적인 경우보다 적어 공기가 과잉인 상태에서 완전연소가 이루어지며, 1보다 큰 경우는 연료가 과잉인 경우로서 공기가 적어 불완전연소가 발생된다.

$$\phi = \frac{(Fuel/Air)_{act}}{(Fuel/Air)_{stoi}} = \frac{1}{m} \tag{3.31}$$

## 4  실제 연소계산

### 1. 실제 연소공기량

연소 공기가 연소설비에 실제로 공급되는 공기량을 나타내며, 다음 식과 같이 표현된다.

$$A = mA_o \tag{3.32}$$

표 3.2는 이론 공기량의 이론 계산식과 연료별 저위발열량(Hu)과 고위발열량(Hh)에 의한 간이계산식을 나타내었다.

표 3.2 **연료당 사용 공기량** ($A$)

| | | 고체 및 액체연료 | 기체 연료 |
|---|---|---|---|
| 이론공기량 | 부피단위 | $A_o = 8.9C + 26.67H - 3.33(O-S)$ [Nm³/kg] | $A_o' = 2.38(H_2 + CO) - 4.76O_2$ $+ 9.52CH_4 + 14.29C_2H_4$ $+ ... + (4.76x + 1.19y)C_xH_y$ [Nm³/Nm³] |
| | 중량단위 | $A_{ow} = 11.61C + 34.78H - 4.35(O-S)$ [kg/kg] | — |
| | 간이계산식 (석탄) | $A_o = 1.09 \times \dfrac{H_u}{1,000} - 0.09$ [Nm³/kg] $= 1.07 \times \dfrac{H_h}{1,000} - 0.20$ [Nm³/kg] | $A_o' = 1.10 \times \dfrac{H_u}{1,000} - 0.32$ [Nm³/Nm³] $= 0.956 \times \dfrac{H_h}{1,000} - 0.19$ [Nm³/Nm³] |
| | 간이계산식 (목재) | $A_o = 1.04 \times \dfrac{H_u}{1,000} + 0.27$ [Nm³/kg] | |
| | 간이계산식 (액체연료) | $A_o = 1.04 \times \dfrac{H_u}{1,000} + 0.02$ [Nm³/kg] | |
| 실제 공기량 | | $A = m\,A_o$ | |

## 2. 실제 연소가스량

(1) 액체 및 고체연료($G$)

① 실제 습배가스량($G_w$)

$$G_w = G_{ow} + A_o(m-1)$$
$$= mA_o + 5.6H + 0.7O + 0.8N + 1.24W \ [\mathrm{Nm^3/kg}] \tag{3.33}$$

② 실제 건배가스량($G_d$)

$$G_d = G_w - W_g$$
$$= [mA_o + 5.6H + 0.7O + 0.8N + 1.24W] - [11.2H + 1.24W]$$
$$= mA_o - 5.6H + 0.7O + 0.8N \ [\mathrm{Nm^3/kg}] \tag{3.34}$$

• 배기가스의 분석결과를 이용하여 실제 건배가스량을 구하는 식은 다음과 같다.

$$G_d \times [(CO_2) + (CO)] = \frac{22.4}{12}C + \frac{22.4}{32}S$$

여기서 $[(CO_2) + (CO)]$는 Orsat 분석 $(SO_2 + CO_2)$, 배가스 농도로부터 계산한 배가스량이다. $\frac{22.4}{32}S$는 연료조성으로부터 계산한 배가스량이다. 식을 정리하면 실제 건배가스량은 식 3.35로 나타낼 수 있다.

$$\therefore G_d = \frac{1.87C + 0.7S}{[(CO_2) + (CO)]} \ [\mathrm{Nm^3/kg}] \tag{3.35}$$

(2) 기체연료($G'$)

① 실제 습배가스량($G_w'$)

$$G'_w = G_{ow}' + A_o'(m-1) = G_{ow}' + mA_o' - A_o'$$
$$= mA_o' + 1 - 0.5(H_2 + CO)$$

$$- \ldots - (\frac{y}{4} - 1) \ \mathrm{C}_x \mathrm{H}_y \ [\mathrm{Nm}^3/\mathrm{Nm}^3] \tag{3.36}$$

② 실제 건배가스량($G_d{}'$)

$$G_d{}' = G_w{}' - W_g{}'$$

$$= mA_o{}' + 1 - 1.5\mathrm{H}_2 - 0.5\mathrm{CO}$$

$$- \ldots - (\frac{y}{4} + 1) \ \mathrm{C}_x \mathrm{H}_y \ [\mathrm{Nm}^3/\mathrm{Nm}^3] \tag{3.37}$$

• 배가스 분석결과로 실제 건배가스량을 구하는 식은 다음과 같다.

$$G_d{}' [(\mathrm{CO}_2) + (\mathrm{CO})] = \ \mathrm{CO} + \mathrm{CO}_2 + \mathrm{CH}_4 + 2\mathrm{C}_2\mathrm{H}_4 + \ldots$$

위 식을 정리하면 식 3.38과 같이 나타낼 수 있다.

$$\therefore G_d{}' = \frac{\mathrm{CO} + \mathrm{CO}_2 + \mathrm{CH}_4 + 2\mathrm{C}_2\mathrm{H}_4 \ldots}{(\mathrm{CO}_2) + (\mathrm{CO})} \ [\mathrm{Nm}^3/\mathrm{Nm}^3] \tag{3.38}$$

표 3.3은 상기에 언급된 이론 배기가스량과 실제 배기가스량과 저위발열량($H_u$)와 고위발열량($H_h$)에 의한 간이 계산식을 나타내었다.

표 3.3 연료당 연소생성 가스량

| | | | 고체 및 액체연료<br>$\mathrm{Nm}^3/\mathrm{kg}$ | | 기체 연료<br>$\mathrm{Nm}^3/\mathrm{Nm}^3$ |
|---|---|---|---|---|---|
| 이론습배가스량 | 일반식 | | $G_{oww} = 12.6\mathrm{C} + 35.5\mathrm{H} - 3.35\mathrm{O} \\ + 5.31\mathrm{S} + \mathrm{N} + W \ [kg/kg]$ | | $G_{ow}{}' = \mathrm{CO}_2 + \mathrm{N}_2 + 2.88(\mathrm{H}_2 + \mathrm{CO}) \\ + 10.5\mathrm{CH}_4 + 15.3\mathrm{C}_2\mathrm{H}_4 \\ + 25.8\mathrm{C}_3\mathrm{H}_8 + 33.5\mathrm{C}_4\mathrm{H}_{10} \\ - 3.76\mathrm{O}_2 + W$ |
| | | | $G_{ow} = 8.89\mathrm{C} + 32.3\mathrm{H} - 2.63\mathrm{O} + 3.33\mathrm{S} \\ + 0.8\mathrm{N} + 1.25W$ | | |
| | 간이계산식 | 석탄 | $G_{ow} = 1.17 \times \dfrac{H_u}{1,000} + 0.05 \\ = 0.907 \times \dfrac{H_h}{1,000} + 1.25$ | | $G_{ow}{}' = 1.06 \times \dfrac{H_u}{1,000} + 0.61 \\ = 0.918 \times \dfrac{H_h}{1,000} + 0.73$ |
| | | 목재 | $G_{ow} = 1.11 \times \dfrac{H_u}{1,000} + 0.65$ | | |
| | | 액연 | $G_{ow} = 1.11 \times \dfrac{H_u}{1,000} + 0.04$ | | |

(계속)

| | | 고체 및 액체연료 | | 기 체 연 료 |
|---|---|---|---|---|
| | | $Nm^3/kg$ | | $Nm^3/Nm^3$ |
| 이론건배가스 | 일반식 | $G_{od} = 8.89C + 21.1H - 2.63O$ $+ 3.33S + 0.8N$ | | $G_{od}' = CO_2 + N_2 + 1.88H_2$ $+ 2.38CO + 8.52CH_4$ $+ 13.3C_2H_4 + 21.8C_3H_8$ $+ 28.5C_4H_{10} - 3.76O_2$ |
| | 간이식 | 석탄 | $G_{od} = 1.07 \times \dfrac{H_u}{1000} + 0.09$ $= 1.03 \times \dfrac{H_h}{1000} + 0.07$ | $G_{od}' = 0.740 \times \dfrac{H_u}{1000} + 0.88$ $= 0.642 \times \dfrac{H_h}{1000} + 0.96$ |
| 연소생성수증기 | 일반식 | $W_g = G_w - G_d = G_{ow} - G_{od}$ $= 11.2H + 1.25W$ | | $W_g' = G_w' - G_d'$ $= H_2 + 2CH_4 + 2C_2H_4$ |
| 생성배가스 | $m \geq 1$ 습배가스 | $G_w = A_o(m-1) + G_{ow}$ $= mA_o + 5.6H + 0.7S + 0.8N + 1.25W$ $= (m-0.21)A_o + 1.87C + 11.2H$ $+ 0.7S + 0.8N + 1.25W$ | | $G_w' = A_o'(m-1) + G_{ow}'$ $= mA_o' + 1 - 0.5(H_2 + CO)$ |
| | 건배가스 | $G_d = G_w - W_g$ $= mA_o - 5.6H + 0.7S + 0.8N$ $= (m-0.21)mA_o + 1.87C$ $+ 0.7S + 0.8N$ $G_d = \dfrac{1.87C + 0.7S}{(CO_2) + (CO)}$ | | $G_d' = G_w' - W_g'$ $= mA_o' + 1 - 1.5H_2 - 0.5CO$ $- 2CH_4 - 2C_2H_4$ $G_d = \dfrac{CO + CO_2 + CH_4 + 2C_2H_4}{(CO_2) + (CO)}$ |
| | $m < 1$ | $G_d = mG_{od}$ | | $G_d' = mG_{od}' + (1-m)$ |
| $G_w$ : 건배가스량에 수분(생성 수증기)을 더함 | | | | |

---

**예제 3.2**

중유(Heavy oil)의 성분은 C : 86% , H : 13% , S : 1%이다. 배기가스의 농도가 $CO_2$ ($SO_2$ 포함) : 13% , $O_2$ : 2% , CO : 1% 일 때, 건배가스량($G_d$)과 습배가스량($G_w$) 를 구하시오

▶ 방법 1: 배기가스 조성으로부터 계산

$G_d = \dfrac{1.863C + 0.7S}{[(CO_2) + (CO)]} = \dfrac{1.863(0.86) + 0.3(0.01)}{0.13 + 0.01} = 11.5(Nm^3/kg)$

$G_w = G_d + 1.25(9H + W)$

$\quad = 11.5 + 1.25(9 \times 0.13) = 12.96(Nm^3/kg)$

► 방법 2: 연료조성으로부터 계산

$$G_d = m A_o - 5.6\text{H} + 0.7\text{O} + 0.8\text{N}$$

$$= (1.072)(11.1458) - 5.6(0.13) = 11.2 \,(\text{Nm}^3/\text{kg})$$

여기서 $m = \dfrac{21(\text{N}_2)}{21(\text{N}_2) - 79[(\text{O}_2) - 0.5(\text{CO})]}$

$$= \dfrac{21(84)}{21(84) - 79[2 - 0.5(1)]}$$

$$= 1.072$$

$$\text{N}_2 = 100 - [(\text{CO}_2) + (\text{O}_2) + (\text{CO})]$$

$$= 100 - [13 + 2 + 1] = 84\%$$

$$A_o = 8.89\text{C} + 26.67\left(\text{H} - \frac{\text{O}}{8}\right) + 3.33\text{S}$$

$$= 8.89(0.86) + 26.67\left(0.13 - \frac{0}{8}\right) + 3.33(0.01) = 11.15 \,\text{Nm}^3/\text{kg}$$

$$G_w = G_d + 1.25(\ 9\text{H} + W\ )$$

$$= 11.5 + 1.25(9 \times 0.13) \qquad = 12.96 \,(\text{Nm}^3/\text{kg})$$

---

**예제 3.3**

**기체연료 중 탄화수소가스의 일반 연소계산식을 구하시오.**

탄화수소 이론 반응식

$$\text{C}_x\text{H}_y + \left(x + \frac{y}{4}\right)O_2 \rightarrow\ x\text{CO}_2 + \frac{y}{2}\text{H}_2\text{O}$$

► 이론 공기량

$$A_o = \frac{1}{0.21}\left(x + \frac{y}{4}\right) = 4.76x + 1.19y\ (\text{Nm}^3)$$

► 이론 연소가스량

• 이론 습윤연소가스량

$$G_{ow} = 0.79A_o + x + \frac{y}{2}\ (\text{Nm}^3)$$

• 이론 건조연소가스량

$$G_{od} =\ 0.79A_o + x\ (\text{Nm}^3)$$

► 실제 연소가스량

• 실제 습윤연소가스량

$$G_w = (m - 1)A_o + G_{ow} = (m - 0.21)A_o + x + \frac{y}{2}\ (\text{Nm}^3)$$

• 실제 건조연소가스량

$$G_d = (m - 1)A_o + G_{od} = (m - 0.21)A_o + x\ (\text{Nm}^3)$$

## 3. 배기가스의 조성 계산

### (1) 액체 및 고체연료

#### ① 배가스 중 생성량

- $O_2$ 농도 : 과잉공기 $A_o(m-1)$ 중 산소농도이다.

$$(O_2) = (mA_o - A_o) \times 0.21 = 0.21A_o(m-1) \ [\mathrm{Nm^3/kg}] \tag{3.39}$$

- $CO_2$의 농도 : 연료 중 탄소산화 시 발생된다.

$$(CO_2) = 1.87C \ [\mathrm{Nm^3/kg}] \tag{3.40}$$

- $SO_2$ 농도 : 연료 중 황산화 시 생성된다.

$$(SO_2) = 0.7S \ [\mathrm{Nm^3/kg}] \tag{3.41}$$

- $N_2$ 농도 : 과잉공기 중 질소($0.79A_o(m-1)$), 연료 중 질소($0.8N$), 가연분 (C, H, S)의 연소에 사용되는 공기 중의 질소

$(7.03C + 21.1(H - \dfrac{O}{8}) + 2.63S)$의 합이다.

$$(N_2) = 0.79A_o(m-1) + 0.8N + 7.03C$$
$$+ \, 21.1(H - \frac{O}{8}) + 2.63S \ [\mathrm{Nm^3/kg}] \tag{3.42}$$

- $H_2O$의 농도 : 연료 중 수소연소($11.2H$)와 고유수분($1.25W$)의 합이다.

$$(H_2O) = 11.2H + 1.25W \ [\mathrm{Nm^3/kg}] \tag{3.43}$$

#### ② 습배가스 중 각 성분의 농도

- $(O_2) \ = \dfrac{0.21A_o(m-1)}{G_w} \times 100\,(\%) \tag{3.44}$

- $(CO_2) \ = \dfrac{1.87C}{G_w} \times 100\,(\%) \tag{3.45}$

- $(SO_2) \ = \dfrac{0.7S}{G_w} \times 100\,(\%) \tag{3.46}$

- $(H_2O) \ = \dfrac{11.2H + 125W}{G_w} \times 100\,(\%) \tag{3.47}$

$$\cdot (N_2) = 100 - \{(O_2) + (CO_2) + (SO_2) + (H_2O)\} \times 100(\%) \tag{3.48}$$

## (2) 기체연료

기체연료의 습배기가스 중 각 성분의 농도는 다음과 같다.

$$\cdot (O_2) = \frac{0.21 A_o'(m-1)}{G_w'} \times 100(\%) \tag{3.49}$$

$$\cdot (CO_2) = \frac{CO + CO_2 + CH_4 + 2C_2H_4}{G_w'} \times 100(\%) \tag{3.50}$$

$$\cdot (H_2O) = \frac{H_2 + 2CH_4 + 2C_2H_4}{G_w'} \times 100(\%) \tag{3.51}$$

$$\cdot (N_2) = 100 - \{(O_2) + (CO_2) + (H_2O)\} \times 100(\%) \tag{3.52}$$

**예제 3.4**

중유가 C : 86%, H : 12%, S : 2%의 성분으로 이루어져 있다. 배기가스 성분은 $(CO_2) + (SO_2)$ : 13%, $(O_2)$ : 3%, $(CO)$ : 0%이다. 건조연소가스 중 $SO_2$ 농도 부피 $(\dfrac{SO_2}{G_d})$를 구하시오.

▶ 건배가스량(Gd)

$$G_d = mA_o - 5.7H + 0.695O + 0.8N \, (Nm^3/kg)$$

여기서 $A_o = 26.6 \left[ \dfrac{C}{2.99} + H - \dfrac{O-S}{8} \right]$

$$= 26.6 \left[ \frac{0.86}{2.99} + 0.12 - \frac{0 - 0.02}{8} \right] = 10.91 \, (Nm^3/kg)$$

$$m = \frac{21(N_2)}{21(N_2) - 79\{(O_2) - 0.5(CO)\}}$$

$$= \frac{21(84)}{21(84) - 79\{(3) - 0.5(0)\}} = 1.155$$

$$N_2 = 100 - \{(O_2) + (CO_2) + (SO_2)\}$$

$$= 100 - \{3 + 13\} = 84\%$$

$$G_d = (1.155)(10.91) - 5.7(0.13) + 0.695(0) + 0.8(0)$$

$$= 11.92 \, (Nm^3/kg)$$

▶ 배기가스 중 $SO_2$ 생성량

$$(SO_2) = 0.7S$$
$$= 0.7 \times 0.02 = 0.014 \, (Nm^3/kg)$$

▶ 건배기가스 중 $SO_2$ 농도

$$\frac{(SO_2)}{G_d} = \frac{0.014}{11.92} \times 100 = 0.117 \, [\%]$$

---

**예제 3.5**

경유가 C : 85 %, H : 15% 의 성분으로 되어 있다. 공기비($m$)가 1.1이고, 탄소의 1%가 검댕(soot)이로 생성될 때, 건배가스 1 $Nm^3$ 중 검댕의 농도 ($= \dfrac{Soot}{G_{od}}$)[g/$Nm^3$]를 구하시오.

▶ 건배가스량

$$G_d = mA_o - 5.6H + 0.17O + 0.8N$$
$$= (1.1)(11.55) - 5.6(0.15) = 11.87 \, (Nm^3/kg)$$

여기서 $A_o = 26.6 \left[ \dfrac{C}{2.99} + H - \dfrac{O-S}{8} \right]$

$$= 26.6 \left[ \frac{0.85}{2.99} + 0.15 \right] = 11.55 \, (Nm^3/kg)$$

▶ 연료 1 kg당 검댕이의 양(= 연료 1 kg 연소 시 탄소량)

$$1,000 \, (g/kg) \times 0.85 \times 0.01 = 8.5 \, (g/kg)$$

$$\frac{Soot}{G_d} = \frac{8.5 \, (g/kg)}{11.87 \, (Nm^3/kg)} = 0.72 \, (g/Nm^3)$$

따라서 건배가스 1 $Nm^3$당 검댕이의 농도는 0.72 [g/$Nm^3$]이다.

---

## 4. 최대 탄산가스량; (CO$_2$)$_{max}$ %

최대 탄산가스량은 이산화탄소의 이론 건배가스량 중 ($CO_2$)의 농도로 정의된다. 이는 이론적으로 최대 연소성을 나타내는 지표로, 이 이상의 이산화탄소 농도는 존재하지 않는다. 그림 3.2는 공기비 변화에 대한 최대 탄산가스량을 나타낸 것으로 공기비 m = 1일 때 최대값을 갖는다. 표 3.4는 각 연료별 최대 탄산가스량 개략치를 나타내었다.

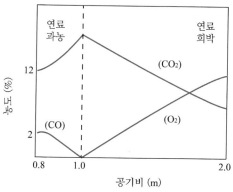

그림 3.2 **최대 탄산가스량**

표 3.4 **연료의 $(CO_2)_{max}$ %의 개략치**

| 연  료 | $CO_{2max}$ % | 연  료 | $CO_{2max}$ % |
|---|---|---|---|
| 탄소 | 21 | 코크스 | 20~20.5 |
| 장작 | 19~21 | 연료유 | 15~16 |
| 갈탄 | 19~19.5 | 코크스로가스 | 11~11.5 |
| 역청탄 | 18.5~19 | 발생로가스 | 18~19 |
| 무연탄 | 19~20 | 고로가스 | 24~25 |

## (1) 연료의 조성으로부터 계산

### ① 고체 및 액체연료의 경우

• Orsat 분석법

$$(CO_2)_{max}\% = \frac{1.87C}{G_{od}} \quad ; \quad G_{od}(CO_2)_{max} = 1.87C \qquad (3.53)$$

$$(CO_2)_{max}\% = \frac{1.87C}{G_{od}} \times 100\% \qquad (3.54)$$

• 일반 분석법

$$(CO_2)_{\max}\% = \frac{187\,C + 70\,S}{G_{od}} \tag{3.55}$$

② 기체연료의 경우

$$(CO_2)'_{\max}\% = \frac{100(CO + CO_2 + CH_4 + 2C_2H_4 + \cdots\cdots + x\,C_xH_y)}{G_{od}'} \tag{3.56}$$

## (2) 배가스 분석결과로부터 계산

### ① 완전연소

$$(CO_2)_{\max}\% = \frac{\text{건 } CO_2 \text{ 농도}}{\text{건조연소가스량} - \text{과잉공기량}} = \frac{(CO_2)}{G_{od}}$$

$$= \frac{(CO_2)}{100 - (O_2)/0.21} \times 100 \;=\; \frac{21(CO_2)}{21 - (O_2)} \times 100 \tag{3.57}$$

$$= \frac{(CO_2)}{1 - 0.0048(O_2)} \times 100\,(\%) \tag{3.58}$$

### ② 불완전연소(가정 ; 미연공기량 중 산소량 생략)

$$(CO_2)_{\max}\% = \frac{(CO_2) + (CO)}{100 - \dfrac{(O_2)}{0.21} + 1.881(CO)} \times 100 \tag{3.59}$$

$$= \frac{21\big[(CO_2) + (CO)\big]}{21 - (O_2) + 0.395(CO)} \times 100\,(\%) \tag{3.60}$$

> **예제 3.6**
>
> **프로판(C₃H₈) 연소 시 최대 탄산가스량을 구하시오.**
>
> $$\begin{array}{ccccccccc} C_3H_8 &+& 5O_2 &+& (N_2) &\to& 3CO_2 &+& 4H_2O &+& (N_2) \\ 1\,Nm^3 && 5\,Nm^3 && \uparrow && 3\,Nm^3 && 4\,Nm^3 && 18.8\,Nm^3 \end{array}$$
>
> $$5 \times \frac{79}{21} = 18.8\,Nm^3$$
>
> $$\therefore (CO_2)_{\max}\% = \frac{(CO_2)}{(CO_2) + (N_2)} \times 100 = \frac{3}{3 + 18.8} \times 100$$
>
> $$= 13.76\,(\%)$$

# 5. 발열량

## (1) 발열량의 정의와 종류

연료의 단위량(기체 연료=1 Nm³, 액체 또는 고체연료=1 kg)이 완전연소할 때 발생하는 열량(kcal)을 말한다. 단위는 기체연료인 경우는 kcal/Nm³이고, 고체 및 액체연료일 경우 kcal/kg이다. 발열량 산정 방식은 발열량 측정기로 측정(고발열량)하고, 원소 분석치에 의한 연소관계식으로 계산(저발열량)하며 필요시 증발잠열을 더하여 고발열량을 계산한다.

• 고발열량($H_h$)과 저발열량($H_u$)

고발열량(=총 발열량)은 연료 중에 함유된 수분과 연소에 의해 생성된 수분의 응축열(일명 증발잠열 ; $H_s$)을 함유한 열량을 말한다. 저발열량(진발열량 또는 순발열량)은 고발열량에서 응축열($H_s$)을 제외한 잔여열량이다. 실제 연소에서 연소배출가스 중의 수분은 수증기(과열)상태로 배출되기 때문에 응축열의 이용이 불가능하므로 저발열량이 이용된다.

표 3.5 가연분의 연소량(완전연소의 경우)

| 가연분 | 화학식 | 발열량 | | | |
|---|---|---|---|---|---|
| | | [kcal/kg] | | [kcal/Nm³] | |
| | | $H_h$ | $H_u$ | $H_h{}'$ | $H_u{}'$ |
| 탄소 | C | 8,100 | 8,100 | – | – |
| 수소 | H | 34,000 | 28,600 | 3,050 | 2,570 |
| 황 | S | 2,500 | 2,500 | – | – |
| 일산화탄소 | CO | 2,430 | 2,430 | 3,035 | 3,035 |
| 메탄 | CH₄ | 13,320 | 11,970 | 9,530 | 8,570 |
| 에탄 | C₂H₆ | 12,410 | 11,330 | 16,820 | 15,380 |
| 프로판 | C₃H₈ | 12,040 | 11,070 | 24,820 | 22,350 |
| 부탄 | C₄H₁₀ | 11,840 | 10,920 | 32,010 | 29,610 |
| 아세틸렌 | C₂H₂ | 12,030 | 11,620 | 14,080 | 13,600 |
| 에틸렌 | C₂H₄ | 12,130 | 11,360 | 15,280 | 14,320 |
| 프로필렌 | C₃H₆ | 11,770 | 11,000 | 22,540 | 21,070 |
| 부틸렌 | C₄H₅ | 11,630 | 10,860 | 29,110 | 27,190 |

고발열량은 저발열량과 응축열($H_s$)에 의해 식 3.61에 의해 구해진다.

$$H_h = H_u + H_s \tag{3.61}$$

여기서 $H_s$는 수증기의 증발잠열(표 3.6 참조)로 0℃ 기준으로 하면 그 값은 다음과 같다.

$$H_s = 596 \fallingdotseq 600\,\text{kcal/kg (물)} \quad ; \quad H_s = 478.99 \fallingdotseq 480\,\text{kcal/Nm}^3 \text{(수증기)}$$

표 3.6 물의 증발잠열(응축열) (kcal/kg)

| | |
|---|---|
| 0℃ | 596 ≒ 600 |
| 10℃ | 592 |
| 15℃ | 589 |
| 20℃ | 586 |
| 25℃ | 583 |
| 100℃ | 539 |

## (2) 발열량 계산

### ① 액체 및 고체연료의 경우

• 고위발열량

  − Dulong 식

$$H_h = 8,100\text{C} + 34,000\left(\text{H} - \frac{\text{O}}{8}\right) + 2,500\text{S} \;\;[\text{kcal/kg}] \tag{3.62}$$

  − Steuer 식

$$H_h = 8,100\left(\text{C} - \frac{3}{8}\text{O}\right) + 5,700 \times \frac{3}{8}\text{O}$$
$$+ 34,500\left(\text{H} - \frac{\text{O}}{16}\right) + 2,500\text{S} \;\;[\text{kcal/kg}] \tag{3.63}$$

• 저위발열량

$$H_u = H_h - 600(9H + W) \;\;[\text{kcal/kg}] \tag{3.64}$$

여기서 600은 물 1 kg의 증발잠열이고, $(9H + W)$는 연료 1 kg당 $H_2O$ 생성량이다.

발열량의 개략적 계산법은 표 3.7과 같다.

표 3.7 저발열량 $H_u$과 $G_o$및 $A_o$의 관계

| 연 료 | $G_o$ | $A_o$ |
|---|---|---|
| 고체연료 | $\dfrac{0.89H_u}{1,000}+1.65$ (Nm³/kg) | $\dfrac{1.01H_u}{1,000}+0.5$ (Nm³/kg) |
| 액체연료 | $\dfrac{1.11H_u}{1,000}$ (Nm³/kg) | $\dfrac{0.85H_u}{1,000}+2.0$ (Nm³/kg) |
| 저발열량 기체연료 ($H_u = 500 \sim 3,000$ kcal/m³) | $\dfrac{0.725H_u}{1,000}+1.0$ (Nm³/Nm³) | $\dfrac{0.875H_u}{1,000}$ (Nm³/Nm³) |
| 고발열량 기체연료 ($H_u = 4,000 \sim 7,000$ kcal/m³) | $\dfrac{1.14H_u}{1,000}+0.25$ (Nm³/Nm³) | $\dfrac{1.09H_u}{1,000}-0.25$ (Nm³/Nm³) |

② 기체연료의 경우

• 고위발열량

$$H_h^{'} = 3,035\mathrm{CO} + 3,050\mathrm{H}_2 + 9,530\mathrm{CH}_4 + 15,280\mathrm{C}_2\mathrm{H}_4$$
$$+ 24,370\mathrm{C}_3\mathrm{H}_8 + 32,010\mathrm{C}_4\mathrm{H}_{10}\ [\mathrm{kcal/Nm^3}] \tag{3.65}$$

• 저위발열량

$$H_u = H_h - 480\left(\mathrm{H}_2\right) + 2\left(\mathrm{CH}_4\right) + 2\left(\mathrm{C}_2\mathrm{H}_4\right) + \cdots\cdots + \frac{y}{2}\left(\mathrm{C}_x\mathrm{H}_y\right)\ [\mathrm{kcal/Nm^3}] \tag{3.66}$$

# 6. 이론 연소온도

단위량의 연료를 이론 공기량으로 완전연소시켰을 때 발생되는 최고온도를 말한다. 연료가 실제로 연소하면 주위의 연소로벽 등으로 열이 흡수되어 실제의 이론 연소온도보다 낮다.

$$H_u =\ G_{ow}c_p\left(t_2 - t_1\right) \tag{3.67}$$

여기서 $H_u$ : 연료의 저발열량(kcal/Nm³), $G_{ow}$ : 이론습연소가스량(kcal/Nm³), $c_p$ : 습연소가스의 평균 정압비열(kcal/Nm³℃)이다.

$$\therefore t_2 = \frac{H_u}{G_{ow} c_p} + t_1 \tag{3.68}$$

여기서 $t_1$은 대기 기준온도 [℃]이고 $t_2$는 이론 연소온도 [℃]이다.

---

**예제 3.7**

연료인 메탄($CH_4$)과 공기가 18℃로 공급되고 있다. $CO_2$, $H_2O(g)$, $N_2$의 평균정압 몰비열은 각각 13.1, 10.5, 8.0(kcal/kmol℃)이고, $CH_4$의 저위발열량은 8,600 kcal/$Nm^3$이다. 이론 연소온도(adiabatic temperature)를 구하시오.

▶ 부피비열환산($c_p$)

$CO_2 \rightarrow \dfrac{13.1}{22.4} \fallingdotseq 0.585$ (kcal/$Nm^3$℃)

$H_2O(g) \rightarrow \dfrac{10.5}{22.4} = 0.47$ (kcal/$Nm^3$℃)

$N_2 \rightarrow \dfrac{8}{22.4} = 0.36$ (kcal/$Nm^3$℃)

▶ 배기가스량

$CH_4 + 2O_2 + (N_2) \rightarrow CO_2 + 2H_2O + (N_2)$

$1\ Nm^3\ 2\ Nm^3\quad 2 \times \dfrac{79}{21} = 7.521\ Nm^3$

▶ 저발열량($H_u$)

$H_u = G_{ow} c_p (t_2 - t_1)$

$8,600(\text{kcal/Nm}^3) = [(1 \times 0.585) + (2 \times 0.47) + (7.52 \times 0.36)](t_2 - 18)$

$\therefore\quad t_2 = 2,049(℃)$

Part 2

# 폐기물 에너지 전환

Chapter 04 폐기물의 종류와 특성
Chapter 05 소각이론
Chapter 06 소각처리 시스템
Chapter 07 도시 고형 폐기물 소각
Chapter 08 슬러지 소각
Chapter 09 액체 폐기물 소각
Chapter 10 저공해 폐기물 소각
Chapter 11 혼합 폐기물 열적처리
Chapter 12 열설비 에너지 회수이용

# 폐기물의 종류와 특성

## 1 폐기물의 종류

폐기물은 배출상태에 따라 고형, 액상 및 기체 폐기물로 구분되며, 배출원에 따라 가정, 산업, 상업, 농업 폐기물로 나뉘며 정리하면 표 4.1과 같다. 도시 폐기물(Municipal Solid Waste, MSW)은 도시 내에서 수거되는 고형 폐기물로서 주거활동에 의한 가정 폐기물과 음식점 등에서 배출되는 폐기물이 혼합된 상태를 말한다.

폐기물은 영문으로 waste로 표시되는 경우가 많으나 간혹 refuse, garbage 등으로 구분하는 경우도 있다. garbage는 주방 쓰레기를 말하며, refuse는 garbage를 포함한 깡통, 종이, 빈병과 같은 쓰레기(rubbish)와 재(ash)를 총칭한다. 즉, refuse는 구성성분이 도시 폐기물과 같은 물질을 말하기 때문에 도시 폐기물을 refuse라고도 한다.

표 4.1 **폐기물의 구분**

| 배출상태에 따른 구분 | |
|---|---|
| 고체 또는 고형(solid waste) | 쓰레기, 재, 동물 사체, 음식찌꺼기(garbage) |
| 액체 또는 액상(liquid waste) | 하폐수 슬러지, 제지 슬러지, 공장폐액 |
| 기체 또는 가스상(gaseous waste) | 매연(smoke), 훈연(fumes), 미스트(mist) |
| 배출원에 따른 구분 | |
| 가정(household 또는 residental) | 주거활동에 의한 것 |
| 산업(industrial) | 공장과 같은 생산시설에 의한 것 |
| 상업(commercial) | 대규모 상가에서 배출된 것 |
| 농업(agricultural) | 가축, 농약, 농작물 등에 의한 것 |

폐기물은 연소성 물질과 불연성 물질로 구분할 수 있다. 연소성 폐기물은 종이, 플라스틱류, 직물류, 고무, 가죽, 나무, 가구 및 정원 쓰레기와 같은 물질이고, 불연성 폐기물은 유리, 옹기그릇, 캔, 철 및 비철금속과 같은 물질을

포함한다.

　재 및 잔류물은 가정, 가게, 기관 및 산업과 도시시설에서 난방과 요리 또는 연소성 폐기물의 처분을 위하여 사용되는 나무, 석탄, 코크스 및 다른 연료의 연소로부터 남은 물질(발전소 잔류물은 제외)을 말한다. 재와 잔류물은 미세하고 분말로 된 물질, 벽돌, 연소 생성물 등으로 구성되어 있다. 또한 유리, 옹기그릇, 여러 가지 금속 등도 도시 소각로에서 연소 후 잔류물로 배출된다. 폐기물을 연료화하는데는 두 가지 방법이 있다. 폐기물을 직접 연소시켜 발생하는 증기를 열원으로 사용하는 방법과 폐기물을 적당한 공정을 거쳐 연료로 전환시킨 후 이 연료를 연소시켜 열을 얻는 방법이 있다.

## 1. 고형 폐기물

　고형 폐기물은 물질의 종류에 따라 음식 찌꺼기(food wastes), 쓰레기 (rubbish), 재 및 잔류물(ashes and residues), 건축 폐기물(demolition and construction), 특수 폐기물(special wastes), 처리장 폐기물(treatment plant wastes), 농업 폐기물(agricultural wastes) 및 유해 폐기물(hazardous wastes)로 구분할 수 있다.

　음식 찌꺼기는 음식의 취급, 준비, 요리 및 식사로부터 발생되는 육류, 과일 또는 채소의 잔류물을 말하며, 주방 쓰레기(garbage)라고도 한다. 이 폐기물의 가장 중요한 특징은 따뜻한 날씨에 부패성이 높고 빠르게 분해되고 역겨운 냄새를 내기도 한다. 따라서 이러한 폐기물의 부패성이 고형 폐기물 수거체계의 설계와 운전에 상당한 영향을 준다.

　쓰레기(rubbish)는 음식 찌꺼기 또는 부패성이 높은 물질을 제외한 가정, 기관, 상가 등에서 배출되는 폐기물이다.

　건축 폐기물은 파괴된 건물과 다른 구조물의 해체로부터 발생된 폐기물, 주거지의 건축, 개축 및 수리할 때 발생된 폐기물이 포함되며, 발생량의 추정이 어렵고 조성도 다양하다. 주로 흙, 돌, 콘크리트, 벽돌, 석고, 목재, 널판지 및 배관, 난방, 전기재료 등이 포함된다.

　특수 폐기물은 거리 청소물, 길옆 쓰레기, 도시쓰레기통 부근의 쓰레기, 부스러기, 동물의 사체 및 버려진 차량 등을 말한다. 동물의 사체나 버려진 차량의 발견은 예측이 불가능하다. 이 폐기물의 특징은 특정한 지역이 아니고 흩어진 발생원을 갖고 있다는 점이다.

처리장 폐기물은 상수, 폐수 및 산업폐수 처리시설로부터 발생된 고형 및 반고형의 폐기물을 말한다. 이 폐기물의 구체적인 특징은 처리과정에 따라 변화한다는 점이다.

농업 폐기물은 농작물을 심고, 수확하고, 우유를 생산하고, 가축을 기르고 사료를 생산하는 다양한 농업활동으로부터 발생되는 폐기물이다.

유해 폐기물은 인간, 동식물에 직·간접적으로 유해가능성을 주는 화학적, 생물학적, 가연성, 폭발성 또는 방사성 폐기물을 말한다. 이 폐기물은 주로 액체상태로 발생되나 가끔 가스, 고체 또는 슬러지의 형태로 발생되기도 한다.

## 2. 슬러지

슬러지는 산업용폐수, 하수 및 분뇨 등의 수처리 과정에서 발생하는 최종 산물로서, 이 슬러지가 생성되는 과정은 미생물이 폐수 속에 용존되어 있는 영양물질을 섭취하여 증식된 후 물리·화학적으로 부상 또는 침전시켜 분리된 미생물덩어리를 말한다. 따라서 슬러지의 주요 특성은 많은 유기성 물질을 함유하고 있는 것이다. 이러한 슬러지는 다량의 수분이 포함된 상태로 슬러지 자체를 건조 소각하는 경우와 슬러지를 탈수처리 후 소각하는 방법이 있다.

슬러지 소각 시 다량의 휘발성분으로 인해 휘염(luminous flame)이 발생되면서 산화되는데, 일반 고체연료보다는 다량의 미연성분이 발생될 수 있다. 슬러지의 경우 조성이 일반 고체연료와 크게 다르다 해도 연소 메커니즘은 동일하다. 일차적 차이인 슬러지 내의 높은 수분함량으로 인해 연소성이 저하되므로 연소 시 이에 대한 고려가 필요하다.

슬러지 내 가연성원소들은 기본적으로 탄소와 수소 그리고 소량의 황이다. 슬러지의 원소조성은 그것이 일차 침전지로부터 발생된 것인가 또

표 4.2 연료와 폐기물의 조성 및 발열량의 비교

| 구분 | 원소분석[wt%] | | | | | 고발열량[kcal/kg] | |
|---|---|---|---|---|---|---|---|
| | C | H | O | N | S | 칼로리메터 | Dulong식[1] |
| 활성 슬러지 | 52.2 | 7.4 | 32.1 | 8.3 | – | 5,389.3 | 5,382.1 |
| 소화 슬러지 | 54.9 | 7.6 | 34.6 | 2.9 | – | 4,994.3 | 5,562.7 |
| 소화된 활성 슬러지 | 54.0 | 6.0 | 37.0 | 3.0 | – | 4,833.8 | 4,834.3 |
| 무연탄A | 84.4 | 1.9 | 4.4 | 0.9 | 0.9 | 7,388.4 | 7,323.9 |
| 무연탄B | 94,4 | 2.77 | 2.13 | 0.71 | 1.00 | 8,268.4 | 8,189.0 |
| 역청탄A | 78.6 | 5.2 | 7.5 | 1.2 | 1.0 | 7,733.4 | 7,794.0 |
| 역청탄B | 87.0 | 5.39 | 5.18 | 1.37 | 1.06 | 8,695.1 | 8,687.9 |
| 갈탄A | 42.2 | 6.6 | 42.1 | 0.6 | 1.10 | 3,939.2 | 3,917.0 |
| 갈탄B | 72.8 | 4.7 | 19.6 | 1.0 | 1.9 | 6,778.3 | 6,710.0 |

주: [1] 3장 식 3.62 참조

는 생물학적 처리과정에서 잉여 고형물을 함유한 채로 발생되는가에 따라 크게 변할 수 있다. 표 4.2에 슬러지의 조성과 발열량을 나타내었으며, 비교를 위해 석탄의 조성과 발열량을 대조시켰다.

슬러지 소각 시 일반적으로 수분이 함유된 상태로 슬러지 전용 소각로(제6장 참조) 내에서 직접 건조과정을 거치며 소각하지만, 탈수기에서 전처리로 수분을 제거한 후 첨가제를 첨가하여 연료화한 후 사용하기도 한다. 이를 슬러지 연료(sludge fuel)라 하며, 하수 및 분뇨 등과 같이 유기성 슬러지를 탈수처리한 후에 분리 제거된 물질을 여러 가지로 다르게 처리하여 고형 연료화한 것이다. 또한 펄프찌꺼기 등의 슬러지를 폐휴지, 나무조각, 섬유조각 등과 함께 혼합 후 파쇄하여 불연성물질을 선별제거하고, 가연성 물질만을 2차로 파쇄한 후 건조시켜 입방체 형태로 고형 연료화한 것도 있다. 슬러지 연료는 보통 발전용 보일러 시스템에 연료로 사용되며 약 3,700 kcal/kg의 발열량을 가지고 있다. 슬러지 연료의 공업분석치, 원소분석치, 발열량 그리고 밀도를 표 4.3에 나타내었다. 비교를 위해 석탄에 대한 각각의 분석치도 함께 나타내었다.

표 4.3 여러 가지 슬러지와 석탄연료의 기본성질

| 시료 | 공업분석[wt%] | | | | 원소분석[wt%] | | | 발열량 [kcall/kg] | 밀도 [kg/m³] |
|---|---|---|---|---|---|---|---|---|---|
| | 휘발분 | 고정탄소 | 회분 | 수분 | C | H | O | | |
| 슬러지 A[1] | 62.4 | 10.3 | 27.2 | 0.1 | 35.8 | 5.4 | 4.4 | 3,943.5 | 1,670 |
| 슬러지 B[2] | 55.6 | 10.0 | 34.3 | 0.1 | 34.0 | 4.9 | 4.3 | 3,561.1 | 1,580 |
| 슬러지 C[3] | 70.7 | 8.5 | 20.7 | 0.1 | 35.4 | 5.7 | 4.9 | 4,254.2 | 1,600 |
| 슬러지 D[4] | 59.4 | 0.2 | 40.3 | 0.1 | 24.3 | 4.6 | 3.0 | 2,605.1 | 1,840 |
| 석탄 | 44.4 | 39.8 | 15.8 | 5.5 | 62.9 | 5.1 | 1.1 | 6,333.5 | 1,380 |

주: [1] 아크릴 아미드계의 중합체인 고분자응집제(polymer) 슬러지에 대하여 1% 첨가한 후 탈수시키고 이것으로 폐수슬러지를 건조기에서 건조한 것이다.
[2] 슬러지 A의 미분쇄 건조물을 회전분쇄기로 분쇄한 것이다.
[3] 슬러지 C는 고분자 응집제를 첨가한 후 탈수시키고 실내건조기로 건조시킨 것이다.
[4] 응집제로써 염화철 소석회를 첨가한 후 탈수시키고 실내건조기로 건조시킨 것이다.


## 3. 쓰레기 재생연료

쓰레기 재생연료(Refuse Derived Fuel, RDF) 또는 폐기물 재생연료(Waste Derived Fuel, WDF)란 도시 폐기물로부터 불연성 폐기물을 제거하고 감량시켜 일정한 크기의 연료로 만든 것을 말한다. 쓰레기 재생연료는 안전하고 깨끗하며 경제적으로 도시 폐기물을 처리하는 방법 중의 하나로 최근에 개발된 것이다.

보통 쓰레기 재생연료는 상태에 따라 fRDF(fluff RDF), dRDF(densified RDF), pRDF(powdered RDF)의 3가지 종류로 나누어진다. fRDF는 폐기물 중 불연성 물질만을 제거하고 조각낸 상태의 재생연료로 겉보기 밀도가 낮고, 비교적 수분함량이 높아서 저장하거나 수송하기가 어려운 단점이 있다. dRDF는 fRDF의 단점을 보완하기 위해서 2 mm의 스크린을 통과한 것이 95% 이상인 가루 형태로 전환시킨 것이다. pRDF는 폐기물 중 유기물질을 무르게 하기 위하여 산(acid)으로 처리한 후, 가열된 분쇄기(ball mill)에서 아주 일정한 크기이면서 건조한 mm 크기의 작은 펠릿(pellet), 큐브(cube), 브리켓(briquet)의 형태로 연료화한 것이다. 이 방법은 도시 및 생활쓰레기에 주로 이용되는 방법으로 그 크기와 특성은 제조회사마다 각각 다르다. 예를 들어, 영국 글라스고우(Glasgow)시에서 운영하는 쓰레기 재생연료 공장 (Govan Works)은 지름이 19 mm, 길이 50 mm 정도의 크기로 만들고 있으며, 표 4.4에 공업분석치와 원소분석치를 나타내었다.

표 4.4 **쓰레기 재생연료의 대표적 분석치**[1]

| 공업분석[wt%] | | | | |
|---|---|---|---|---|
| 수분 | 휘발분 | 고정탄소 | 회분 | 총계 |
| 6.9 | 67.3 | 11.8 | 14.0 | 100 |
| 원소분석[wt%] | | | | |
| 수분 | 6.87 | | 질소 | 0.55 |
| 회분 | 14.02 | | 유황 | 0.10 |
| 탄소 | 43.32 | | 염소 | 0.32 |
| 수소 | 6.38 | | 산소 | 28.24 |
| 총계 | | | 100 | |
| 발열량[kcal/kg] | | | 4,287 | |

주: [1] 영국 글라스고우시 Govan Works에서 제조된 pRDF

일반적으로 쓰레기 재생연료의 겉보기 밀도는 540 kg/m$^3$, 회분용융온도(초기변형)는 1,050℃ 정도이다. 표 4.3의 석탄과 표 4.4의 쓰레기 재생연료의 분석치에서 알 수 있듯이 두 연료는 그 성질이 전혀 다르다. 우선 고정탄소가 석탄에 비해 쓰레기 재생연료는 훨씬 적은 반면 휘발분이 많다. 따라서 석탄과 쓰레기 재생연료를 겸용으로 연소시키는 보일러가 있다면 연소조건을 변화시켜야 한다는 것을 알 수 있다. 쓰레기 재생연료의 소각 시 연료의 체류시간이 높은 온도에서 충분히 길지 않고(800~850℃에서 2초 이상), 소각 시스템의 설치와 가동이 제대로 안되었을 경우, 염소를 포함하는 플라스틱이 있으므로 다이옥신(dioxin)과 퓨란(furan)의 배출이 큰 문제가 될 수 있다.

보통 도시 폐기물의 경우 발열량이나 수분함량이 큰 폭으로 변하기 때문에 소각 시 운전조건의 설정 등이 어렵고, 연소실 내의 온도가 큰 폭으로 변하므로 보일러의 온도변동(boiler fluctuation)이 생기는 문제가 발생한다.

그러나 쓰레기 재생연료의 경우 도시 폐기물의 소각보다는 훨씬 제어하기가 용이하다. 하지만 도시 폐기물과 같이 소각 시 다이옥신과 퓨란이 배출될 수 있으므로 이에 대한 제어가 필요하다.

## 2 고형 폐기물의 특성

폐기물은 일부 수분이 함유되어 있는 가연성물질(semimoist combustion)과 불연성물질(noncombustible material)의 혼합물이다. 폐기물의 소각 특성을 알기 위해서는 4성분분석(proximate analysis), 원소분석(ultimate analysis), 에너지 함량(energy content)등 3가지 중요한 특성을 알아야 한다.

## 1. 4성분 분석

고형 폐기물의 가연성분에 대한 4성분분석에는 다음과 같은 항목들이 있다.

• 수분 : 105℃에서 1시간 가열했을 때의 수분손실

• 휘발성 가연분 : 뚜껑을 덮은 도가니에서 950℃로 가열 후 추가적인 무게 감소

• 고정탄소(fixed carbon) : 휘발성분이 제거된 후 남아있는 가연성 잔재물

• 회분 : 열린 도가니에서 연소 후 잔재물의 무게

도시 고형 폐기물의 가연성분에 대한 4성분분석 자료를 표 4.5에 나타내었다. 휘발분과 고정탄소를 합하여 가연분으로 하여 3성분분석을 하는 경우도 있다.

표 4.5 대표적인 가정, 상업, 산업 폐기물의 4성분분석

| 폐기물의 형태 | 4성분분석[wt%] | | | | 폐기물의 형태 | 4성분분석[wt%] | | | |
|---|---|---|---|---|---|---|---|---|---|
| | 수분 | 휘발분 | 고정 탄소 | 불연분 | | 수분 | 휘발분 | 고정 탄소 | 불연분 |
| 음식물류 | | | | | 섬유, 고무, 가죽 | | | | |
| 지방 | 2.0 | 95.3 | 2.5 | 0.2 | 섬유 | 10.0 | 66.0 | 17.5 | 6.5 |
| 음식폐기물(습윤) | 70.0 | 21.4 | 3.6 | 5.0 | 고무 | 1.2 | 83.9 | 4.9 | 9.9 |
| 과일폐기물 | 78.7 | 16.6 | 4.0 | 0.7 | 가죽 | 10.0 | 68.5 | 12.5 | 9.0 |
| 육류폐기물 | 38.8 | 56.4 | 1.8 | 3.1 | 목재, 나무 등 | | | | |
| 종이류 | | | | | 정원폐기물 | 60.0 | 30.0 | 9.5 | 0.5 |
| 골판지 | 5.2 | 77.5 | 12.3 | 5.0 | 목재 | 50.0 | 42.3 | 7.3 | 0.4 |
| 잡지 | 4.1 | 66.4 | 7.0 | 22.5 | 단단한 재목 | 12.0 | 75.1 | 12.4 | 0.5 |
| 신문 | 6.08 | 81.1 | 11.5 | 1.4 | 목재(혼합) | 20.0 | 68.1 | 11.3 | 0.6 |
| 종이(혼합) | 10.2 | 75.9 | 8.4 | 5.4 | 유리, 금속 등 | | | | |
| 카톤백 | 3.4 | 90.9 | 4.5 | 1.2 | 유리, 광물 | 2.0 | - | - | 96~99+ |
| 플라스틱류 | | | | | 금속, 주석캔 | 5.0 | - | - | 94~99+ |
| 플라스틱(혼합) | 0.2 | 95.8 | 2.0 | 2.0 | 금속, 철금속 | 2.0 | - | - | 96~99+ |
| 폴리에틸렌 | 0.2 | 98.5 | < 0.1 | 1.2 | 금속, 비철금속 | 2.0 | - | - | 94~99+ |
| 폴리스티렌 | 0.2 | 98.7 | 0.7 | 0.5 | 기타 | | | | |
| PVC | 0.2 | 86.9 | 10.8 | 2.1 | 사무실 쓰레기 | 3.2 | 20.5 | 6.3 | 70.0 |

## 2. 폐기물 성분의 원소분석

고형 폐기물의 원소분석은 전형적으로 C(탄소), H(수소), O(산소), N(질소), S(황), 회분(ash)에 대한 비율을 결정하는 것이다. 연소 도중에 염소화합물이 배출되기 때문에 종종 할로겐 물질도 원소성분에 포함된다. 각 가연성 물질의 원소분석 자료를 표 4.6에 나타내었다.

## 표 4.6 가정, 상업, 산업 폐기물 내 가연성 물질의 원소분석 자료

| 폐기물의 형태 | 원소분석[wt%] | | | | | 회분 |
|---|---|---|---|---|---|---|
| | C | H | O | N | S | |
| 음식물류 | | | | | | |
| 지방 | 73.0 | 11.5 | 14.8 | 0.4 | 0.1 | 0.2 |
| 음식폐기물(혼합) | 48.0 | 6.4 | 37.6 | 2.6 | 0.4 | 5.0 |
| 과일폐기물 | 48.5 | 6.2 | 39.5 | 1.4 | 0.2 | 4.2 |
| 육류폐기물 | 59.6 | 9.4 | 24.7 | 1.2 | 0.2 | 4.9 |
| 종이류 | | | | | | |
| 골판지 | 43.0 | 5.9 | 44.8 | 0.3 | 0.2 | 5.0 |
| 잡지 | 32.9 | 5.0 | 38.6 | 0.1 | 0.1 | 23.3 |
| 신문 | 49.1 | 6.1 | 43.0 | < 0.1 | 0.2 | 1.5 |
| 종이(혼합) | 43.4 | 5.8 | 44.3 | 0.3 | 0.2 | 6.0 |
| 카톤백 | 59.2 | 9.3 | 30.1 | 0.1 | 0.1 | 1.2 |
| 플라스틱류 | | | | | | |
| 플라스틱(혼합) | 60.0 | 7.2 | 22.8 | - | - | 10.0 |
| 폴리에틸렌 | 85.2 | 14.2 | - | < 0.1 | < 0.1 | 0.4 |
| 폴리스티렌 | 87.1 | 8.4 | 4.0 | 0.2 | - | 0.3 |
| 폴리우레탄[1] | 63.3 | 6.3 | 17.6 | 6.0 | < 0.1 | 4.3 |
| PVC[1] | 45.2 | 5.6 | 1.6 | 0.1 | 0.1 | 2.0 |
| 섬유, 고무, 가죽 | | | | | | |
| 섬유 | 48.0 | 6.4 | 40.0 | 2.2 | 0.2 | 3.2 |
| 고무 | 69.7 | 8.7 | - | - | 1.6 | 20.0 |
| 가죽 | 60.0 | 8.0 | 11.6 | 10.0 | 0.4 | 10.0 |
| 목재, 나무 등 | | | | | | |
| 정원폐기물 | 46.0 | 6.0 | 38.0 | 3.4 | 0.3 | 6.3 |
| 목재 | 50.1 | 6.4 | 42.3 | 0.1 | 0.1 | 1.0 |
| 단단한 재목 | 49.6 | 6.1 | 43.2 | 0.1 | < 0.1 | 0.9 |
| 목재(혼합) | 49.5 | 6.0 | 42.7 | 0.2 | < 0.1 | 1.5 |
| 목재부스러기(혼합) | 48.1 | 5.8 | 45.5 | 0.1 | < 0.1 | 0.4 |
| 유리, 금속 등 | | | | | | |
| 유리, 광물[2] | 0.5 | 0.1 | 0.4 | < 0.1 | - | 98.9 |
| 금속(혼합)[2] | 4.5 | 0.6 | 4.3 | < 0.1 | - | 90.5 |
| 기타 | | | | | | |
| 사무실쓰레기 | 24.3 | 3.0 | 4.0 | 0.5 | 0.2 | 68.0 |
| 기름, 페인트 | 66.9 | 9.6 | 5.2 | 2.0 | - | 16.3 |
| RDF | 44.7 | 6.2 | 38.4 | 0.7 | < 0.1 | 9.9 |

주: [1] 나머지 성분은 염소

[2] 유기성분은 코팅, 상표 및 부착물로 인한 것임

## 3. 폐기물의 에너지 함량

도시 고형 폐기물 내의 유기성분의 에너지 함량은 열량계(calorimeter)를 사용하는 방법과 원소의 조성으로부터 계산에 의해 결정할 수 있다.

가정 폐기물 성분의 에너지 함량에 대한 대표적인 자료(미국)는 표 4.7에 나타낸 바와 같다.

표 4.7 도시 폐기물 중 가정 폐기물의 성분별 에너지 함량

| 성분 | 에너지[1][kcal/kg] | | 성분 | 에너지[1][kcal/kg] | |
|---|---|---|---|---|---|
| | 범위 | 대표값 | | 범위 | 대표값 |
| 유기물 | | | 목재 | 4,160~4,710 | 4,430 |
| 음식폐기물 | 830~1,660 | 1,110 | 정원폐기물 | 550~4,430 | 1,550 |
| 종이 | 2,770~4,430 | 3,990 | 무기물 | | |
| 골판지 | 3,320~4,160 | 3,880 | 유리 | 0~60[2] | 30 |
| 플라스틱 | 6,650~8,860 | 7,760 | 주석캔 | 60~280[2] | 170 |
| 섬유 | 3,600~4,430 | 4,160 | 기타 금속 | 60~280[2] | 170 |
| 고무 | 4,990~6,650 | 5,540 | 흙, 재 등 | 550~2,770 | 1,660 |
| 가죽 | 3,600~4,710 | 4,160 | 도시폐기물 | 2,220~3,320 | 2,770 |

주: [1] 폐기상태 기준
　　[2] 코팅, 상표 및 부착물로 인한 에너지 함량

## Chapter 05

# 소각이론

## 1 연소방법과 소각 설비의 분류

### 1. 연소가스의 유동방향에 의한 분류

소각물과 연소가스의 이동방향에 따라 향류식(counter flow type), 병류식(parallel flow type), 중간류식(center flow type)으로 구분되며 그림 5.1과 같다.

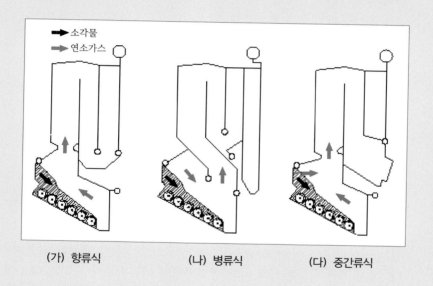

(가) 향류식          (나) 병류식          (다) 중간류식

그림 5.1 **연소가스 유동방향에 따른 분류**

향류식은 폐기물 연소 시 발생되는 연소가스의 유동방향이 소각물의 이동방향과 대향류인 경우이다. 일반적으로 난연성 또는 점화성이 곤란한 소각물의 경우에 가장 적당한 방법이다. 병류식은 연소가스의 유동방향이 소각물의 이동방향과 동일 병행류인 경우이다. 일반적으로 소각물의 연소성과

점화성 그리고 자체적으로 연소가 진행되는 성질인 자연성이 양호한 경우에 적용된다. 중간류식은 향류식과 병류식의 중간형태로 수분함유 소각물 중 비교적 수분이 적은 경우(약 40% 이하)에 주로 사용된다. 이 방식은 향류영역을 소각물 전 이동 거리의 2/3~4/5 정도로 하고 일부는 병류로 한다. 이 범위는 설계 시 소각 대상물의 성상에 따라 결정된다.

## 2. 공기공급 방식에 따른 분류

폐기물 소각로에서 공기의 공급은 공기의 공급방향에 따라 상향류식, 하향류식, 중간류식으로 구분된다.

상향류식은 화상 위의 소각물에 대해서 연소용 공기가 아래쪽에서 화상을 통해 상승하면서 연소가 진행된다. 소각물 하층에서 연소 시 발생된 연소가스는 소각물의 빈틈을 통과해서 점차 상층으로 이동하면서 열전달이 이루어지고 순차적으로 점화연소를 촉진시킨다. 하층에 불씨가 퇴적되어 있으면 아래쪽부터 공급되는 공기도 가열되어 온도가 증가되며, 통기의 유동성이 좋아지고 연소도 잘 진행된다. 배치(batch) 투입에 의한 잡쓰레기 소각의 경우는 일반적으로 채택되고 있는 방식이다. 이 경우 소각물의 열분해 속도가 빠르고 매연이 쉽게 발생되는 발연성 폐기물인 경우는 부적당하므로 반드시 재연소 과정을 마련해야 한다.

하향류식은 상향류식과 반대로 화상 위의 소각물 상부에서 연소 공기를 아래쪽을 향해서 흡입시켜서 하층(불씨층과 연소층)의 복사열을 받으면서 연소가 지속되는 방식이다. 이 경우 상층으로 불이 번져가는 것을 억제하면서도 고온의 가스층을 통과시킴으로써 미연소 가스와 매연을 완전연소시킨다. 이 방식은 상향류식에 비해 연소화염의 이동속도가 느리기 때문에 상향류식에 비하여 화상 부하율은 1/2 이하로 저하된다. 일반적으로 용량이 적은 소형 소각로의 경우에 사용된다.

중간류식은 연소용 공기를 화상 아래쪽에서 일부를 흡입하고, 퇴적 소각물 상부 표면에서 일부를 흡입시켜서 연소시키는 방식으로 상향류식에 대한 하향류식의 결점을 보완시킨 것이다.

## 2 연소 프로세스에 의한 분류

### 1. 단단연소

1차 연소과정만으로 분해연소와 표면연소가 진행되어 휘발분, 고정탄소, 냄새물질, 유해가스 등을 완전히 연소시키는 연소법이다. 휘발분이 많고 열분해 속도가 빠른 물질이나, 건조연소과정에서 냄새물질과 유해가스 등이 생성되기 쉬운 물질은 일반적으로 단단연소에서는 불완전연소를 일으키기 쉽다.

### 2. 복수단연소

1차 연소과정에서 전체 공기량이 공급되지 않고 고정 탄소의 연소가 가능한 정도로만 공급되고, 나머지 공기를 2차 또는 3차 연소과정에서 공급하여 1차 연소과정에서 생성된 미연가스, 냄새물질, 유해가스 등을 완전연소시키는 연소법이다. 일반적으로 발연계수가 높은 물질을 소각할 경우에는 복수단연소를 행하는 경우가 많다.

## 3 고형 폐기물의 연소방법

### 1. 증발연소

증발연소는 비교적 분자구조가 간단하고 용융점이 화염온도보다 낮은 고체 폐기물에서 연소반응 전에 먼저 용융하고 액체 폐기물과 같이 증발해 연소하는 형태로, 증발온도가 열분해온도보다 낮을 때 증발연소가 일어난다. 또한 반응에 의한 열이 폐기물에 전달되어 화염은 계속 유지된다. 고급 파라핀계 탄화수소, 고급 알코올에서 이와 같은 연소형태가 나타난다.

## 2. 분해연소

분해온도가 증발온도보다 낮은 고분자 고체 폐기물이 기체상태로 전환되어 연소하는 형태이다. 분해연소는 가열에 의해 열분해가 먼저 일어나 분해 생성가스(수소, 일산화가스, 탄화수소, 알데히드 등)가 표면에서 반응하면서 화염을 형성하면서 연소된다. 목재, 종이, 석탄 등 많은 고체 폐기물 또는 연료가 이에 속하며, 열분해하기 쉬운 휘발분과 분해하지 않은 고정탄소분을 포함하는 폐기물이 연소할 때는, 열분해연소가 진행되고 그 다음에 표면연소가 진행된다. 그림 5.2는 코크스 단일 입자의 분해연소를 나타낸 예이다.

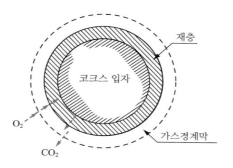

그림 5.2  단일 입자의 연소형태

## 3. 표면연소

표면연소는 흑연, 코크스, 목탄 등과 같이 휘발분을 거의 포함하지 않고, 탄소성분이 많은 고체 폐기물에서의 연소형태이다. 탄소는 용융점이 높기 때문에 보통의 연소온도에서 융해하거나 승화되지 않으며, 열분해에 의해 기상 중에 나오지도 않는다. 결국 이 연소는 산소 또는 산화성가스(이산화탄소, 수증기 등)가 고체 표면반응을 하여 연소가 진행되는 것이다. 표면에서 불완전연소가 일어나는 경우는 기상 중에서 산소와 반응해 화염을 형성하는 기상연소가 생기기도 한다.

탄소입자의 경우 표면온도가 높고 입자 표면에 산화제(산소, 탄산가스, 수증기 등)가 있으면 촤(Char)[1]의 표면반응이 일어난다. 즉, 촤의 표면에 있는 산소가 표면의 고정탄소와 반응하고, 동시에 기공을 통해 산화제가 내부에 확산하여 기공 내부에서도 반응을 일으킨다. 이때 입자 내부에 많은 구멍이 생겨 표면적이 급증하는데 반응종료 후 감소하게 된다.

그림 5.3은 탄소 입자의 표면연소 모델을 나타낸 것이다. 그림 좌측은 저속 기상반응을 나타낸 것이고, 우측은 고속 기상반응을 나타낸 것이다. 저속 기상반응의 경우 기상반응의 속도가 느려 탄소 입자로부터 발생된 일산화탄소($CO$)가 산소와 반응되지 못한 상태에서, 산소가 일산화탄소의 저항을 받으며 서서히 촤 표면으로 이동된다. 따라서 일부 산소가 휘발분인 일산화탄소와 연소되고 나머지 대부분은 촤 내에서 고정탄소와 결합해서 반응하고, 휘발분과 고정탄소가 동시에 연소되어 휘염(luminous flame)이 발생된다. 하지만 고속 기상반응의 경우 산소가 확산되어 들어가면서 휘발분과 반응하여 이산화탄소($CO_2$)로 전환되어 산소가 쉽게 촤 내부로 침투되면서 단계적으로 연소가 진행되며 단염의 파란색 불꽃을 내며 연소된다.

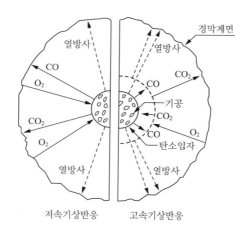

그림 5.3 **탄소 입자의 표면연소 모델**

---

[1] 촤는 코크스와 같은 것으로 1~1.5%의 수소를 포함한 고정탄소가 주성분인 다공물질이다.

## 4 총괄 연소반응 저항과 연소속도

소각로의 경우는 열의 이용을 주목적으로 하는 연소로와는 다르게 가연물의 미연연소분인 강열감량을 최대한 0에 가깝게 하여 미연물을 남기지 않도록 하는 데 목적이 있다. 또한 동일 부피의 소각로에서 될 수 있는 한 다량의 폐기물을 소각 가능하도록 소각률을 높일 수 있는 설계가 필요하다. 이를 위해서 총괄 연소반응 저항을 작게 하고 연소속도를 높여야 한다.

## 1. 총괄 연소반응 저항

연소반응에서 총괄 연소반응 저항은 전열저항과 마찬가지로 식 5.1과 같다.

$$\frac{1}{K} = \frac{1}{k_1} + \frac{1}{k_2} \tag{5.1}$$

여기서 $\frac{1}{K}$는 총괄 연소반응 저항, $\frac{1}{k_1}$는 화학반응 저항, $\frac{1}{k_2}$는 확산도달 저항이다. 또한 $K$는 총괄 연소반응 속도계수, $k_1$는 화학반응 속도계수, $k_2$는 확산도달 속도계수이다. 연소효율과 연소속도를 높이려면 총괄 연소반응 저항을 작게 해야 한다. $k_1$은 온도에 현저하게 영향을 받는데 고온일수록 크게 잡을 수 있다. $k_2$는 가연물 주변의 공기가 물체표면에 공기(즉, 산소)에 대한 확산도달 계수로서 대류확산에 의한 것이 주체이다. 층류보다 난류 쪽의 확산 효과가 크므로 난류의 경우 $k_2$를 더 크게 잡을 수 있다.

폐기물의 연소는 다음의 화학적인 조건과 물리적인 조건에 의해서 결정된다.

### (1) 화학적 조건

연소는 가연분자와 산소가 지속적으로 화학반응이 일어나는 것으로, 화학반응 속도계수 $k_1$은 Van't Hoff 방정식 5.2로 구할 수 있다.

$$\frac{d\ln k_1}{dT} = \frac{E}{R_u T^2} \tag{5.2}$$

위 식을 적분해서 식 5.3과 같이 아레니우스(Arhenius)의 식을 구할 수 있다.

$$k_1 = F\exp(-\frac{E}{R_u T}) \ [\text{cm/s}] \tag{5.3}$$

여기서 $F$ : 분자 충돌 빈도계수[cm/s], $E$ : 반응 활성에너지[cal/mol], $R_u$ : 일반 기체상수[cal/mol K], $T$ : 피연소물 표면의 절대온도[K]이다.

식 5.3에서 화학반응 속도계수 $k_1$은 주변의 온도에 크게 지배되는 것을 알 수 있다. $E$와 $T$값들의 변화에 대한 $\exp(-\frac{E}{R_u T})$ 값은 표 5.1과 같다.

표 5.1 $\exp(-\frac{E}{R_u T})$ 값의 예

| $T$[K] | ℃ | $E = 5\times10^3$[cal/mol] | $E = 29\times10^3$[cal/mol] | $E = 10\times10^4$[cal/mol] |
|---|---|---|---|---|
| 300 | 27 | $2.4\times10^{-4}$ | $8.0\times10^{-22}$ | $3.0\times10^{-73}$ |
| 750 | 477 | $3.5\times10^{-2}$ | $3.6\times10^{-9}$ | $8.0\times10^{-30}$ |
| 1,000 | 727 | $8.2\times10^{-2}$ | $4.7\times10^{-7}$ | $1.9\times10^{-22}$ |
| 1,500 | 1,227 | 0.19 | $6.1\times10^{-5}$ | $3.4\times10^{-15}$ |
| 2,000 | 1,727 | 0.29 | $6.8\times10^{-4}$ | $1.4\times10^{-14}$ |
| 2,500 | 2,227 | 0.37 | $2.9\times10^{-3}$ | $2.1\times10^{-9}$ |

## (2) 물리적 조건

가연물을 연소시키기 위해서는 산소분자가 가연물로 지속적으로 공급되어야 한다. 가연물로부터 생성된 휘발분과 연소용 공기 중의 산소 등의 기체($C_m H_n$, $O_2$, $N_2$ 등)는 각각 자기 확산에 의한 분자운동을 하기 때문에 끊임없이 혼합하려고 하는 경향이 있다. 하지만 원거리로 되면 분자의 확산저항이 크다. 일반적으로 예혼합기체의 연소 이외에는 대류 확산에 의하는 것이 지배적이다.

입자의 확산도달 속도계수 $k_2$는 식 5.4와 같다(표 5.3 참조).

$$k_2 = \frac{2D}{d} \ [\text{cm/s}] \tag{5.4}$$

여기서 $D$ : 기체(산소)의 확산계수[cm²/s], $d$ : 입자의 직경[cm]이다.

## 2. 연소속도

연소속도는 가연물이 얼마나 빠르게 연소되는가를 나타내는 척도이다. 참고로 가연성 가스의 최대 연소속도는 표 5.2와 같다.

표 5.2  주요 가연성 가스의 연소속도

| 가스의<br>명 칭 | 화학식 | 연소속도[1]<br>[cm/s] | 가스의<br>명 칭 | 화학식 | 연소속도[1]<br>[cm/s] |
|---|---|---|---|---|---|
| 수 소 | $H_2$ | 292 | 아세틸렌 | $C_2H_2$ | 156 |
| 일산화탄소 | CO | 43 | 프로판 | $C_3H_8$ | 43 |
| 메 탄 | $CH_4$ | 37.4 | 프로필렌 | $C_3H_6$ | 48.2 |
| 에 탄 | $C_2H_6$ | 43.7 | $n$-부탄 | $C_4H_{10}$ | 41.7 |
| 에틸렌 | $C_2H_4$ | 75.3 | $i$-부탄 | $C_4H_{10}$ | 38.7 |

주: [1] 분젠 불꽃의 슐리렌 상 방법에 의해 구함

폐기물 소각 시 연소속도 $m$은 연소성을 좌우하는 중요한 요소(factor)인데, 식 5.5와 같다.

$$m = nP_1k_1 \ [\text{g/cm}^2 \ \text{s}] \tag{5.5}$$

여기서 $m$ : 연소속도[g/cm² s], $n$ : 산소 1cc(또는 1cm³)당 소비되는 가연물의 양[g/cc 또는 g/cm³], $P_1$ : 가연물 표면의 산소농도[mol/cc 또는 mol/cm³], $k_1$ : 화학반응 속도계수[cm/s] 이다.

또한 산소의 확산도달 속도($D_V$)는 식 5.6과 같다.

$$D_V = k_2(P_2 - P_1) \ [\text{mol/cm}^2 \ \text{s}] \tag{5.6}$$

여기서 $D_V$ : 산소의 확산도달 속도[mol/cm2 s], $k_2$ : 확산도달 속도계수 [cm/s], $P_1$ : 가연물 표면의 산소 농도[mol/cc 또는 mol/cm3], $P_2$ : 공기 중의 산소농도[mol/cc 또는 mol/cm3]이다.

식 5.5에서 화학반응에 의해 소비되는 산소량은 $P_1 k_1$인데, 정상상태 (steady state)에 있어서 이것이 식 5.6의 $D_V$와 같으므로 식 5.7과 같다.

$$P_1 k_1 = k_2 (P_2 - P_1) \ [\text{mol/cm}^2 \ \text{s}] \tag{5.7}$$

식 5.7을 $P_1$에 대해 정리하면 다음과 같다.

$$P_1 = \frac{P_2 k_2}{k_1 + k_2} \tag{5.8}$$

식 5.8을 식 5.5에 대입해서 정리하면 식 5.9와 같다.

$$m = nP_2 \frac{k_1 k_2}{k_1 + k_2} = nP_2 \frac{1}{\dfrac{1}{k_1} + \dfrac{1}{k_2}} \tag{5.9}$$

식 5.9에 식 5.1을 대입하면 식 5.10과 같다.

$$m = nP_2 \frac{1}{1/K} = nP_2 K \ [\text{g/cm}^2 \ \text{s}] \tag{5.10}$$

따라서 연소속도는 식 5.10에서 알 수 있듯이 공기 중의 산소농도뿐만 아니라 총괄 연소반응 속도계수 $K$에 비례한다. $K$값을 크게 취하는 것은 식 5.1의 $1/K$(총괄 연소반응 저항)을 작게 취하는 것이다. 그러나 식 5.1에서 화학반응 속도 $k_1$이 매우 큰 경우는 $1/k_1$은 거의 무시되고 $1/K$는 $1/k_2$이 지배적으로 된다. 따라서 연소속도는 확산으로 정해지게 된다. 반대로 $k_1$이 $k_2$에 비하여 작은 경우는 화학반응 속도로 정해지게 된다. 일반적으로 전자를 확산 지배, 후자를 화학반응 지배 연소 라고 한다.

분자 충돌 빈도계수가 $F = 2.9 \times 10^9$ [cm/s]이고, 반응 활성에너지는 $E = 29,000$[cal/mol], 일반기체상수가 $R_u = 1.986$ [cal/mol K]일 때 가연 입자를 예로 들어 연소속도를 구하는 방법을 알아보기로 한다.

화학반응 속도계수 $k_1$은 식 5.3에 $F$와 $E$를 대입하면 식 5.11과 같다.

$$k_1 = 2.9 \times 10^9 \exp(-\frac{29,000}{1.986\,T})\ [\text{cm/s}] \tag{5.11}$$

또한 산소의 확산도달 속도계수 $k_2$는 식 5.4인 $k_2 = 2D/d$에 의해 구할 수 있다.

따라서 $n = 5.36 \times 10^{-4}$ [g/cc-$O_2$], $P_2 = 0.21$ [mol/cc]로 하면 연소속도는 식 5.10에 주어진 $n$과 $P_2$를 대입하면 다음과 같다.

$$m \cong 1.126 \times 10^{-4}\ K\ [\text{g/cm}^2\ \text{s}] \tag{5.12}$$

즉, 피연소물 표면온도 $T$가 주어지면 식 5.11로부터 $k_1$을 구하고, 산소의 확산계수 $D$와 입자 직경 $d$가 주어지면 식 5.4로부터 $k_2$를 구할 수 있다. 그 후 식 5.1로부터 $K$를 구하여 식 5.12로 연소속도를 구한다. 이 계산 결과를 표 5.3에 나타내었다.

표 5.3 입경·온도에 따른 연소속도의 비교 예

| 표면온도 | | 700 K (427℃) | 773 K (500℃) | 873 K (600℃) | 973 K (700℃) | 1,073 K (800℃) | 1,173 K (900℃) | 1,273 K (1,000℃) |
|---|---|---|---|---|---|---|---|---|
| 입경 2.5 cm | $k_1$ | 0.026 | 0.188 | 1.63 | 9.07 | 36.6 | 116.65 | 309.56 |
| | $k_2$ | 0.984 | 1.20 | 1.53 | 1.90 | 2.32 | 2.76 | 3.26 |
| | $K$ | 0.025 | 0.163 | 0.789 | 1.571 | 2.182 | 2.696 | 3.226 |
| | $m$ | $0.028 \times 10^{-4}$ | 0.184 | 0.888 | 1.769 | 2.547 | 3.036 | $3.632 \times 10^{-4}$ |
| | 지배 | 화학반응 | 화학반응 | 확산 | 확산 | 확산 | 확산 | 확산 |
| 입경 0.5 cm | $k_1'$ | 0.026 | 0.188 | 1.63 | 9.07 | 36.6 | 116.654 | 309.56 |
| | $k_2'$ | 4.92 | 6.0 | 7.6 | 9.5 | 11.6 | 13.8 | 16.28 |
| | $K'$ | 0.026 | 0.182 | 1.342 | 4.64 | 8.804 | 12.34 | 15.466 |
| | $m'$ | $0.029 \times 10^{-4}$ | 0.205 | 1.511 | 5.225 | 9.916 | 13.895 | $17.415 \times 10^{-4}$ |
| | 지배 | 화학반응 | 화학반응 | 화학반응 | 화학반응 | 확산 | 확산 | 확산 |
| 산소의 확산계수(D) | | 1.23 | 1.499 | 1.912 | 2.375 | 2.9 | 3.45 | 4.07 |

표 5.3에서 알 수 있듯이 연소 시 저온에서는 화학반응의 지배를 받으며 고온에서는 확산의 지배를 받는 것을 알 수 있다. 또한 온도의 상승에 의한 $k_1$, $k_2$, $K$, $m$ 각각이 증대하는 경향을 보이며, 입자가 작을수록 그 영향이 현저한 것을 알 수 있다.

표 5.3은 공기가 정지하고 있어 공기 중의 산소의 자기 확산계수만을 대상으로 하고 있으나, 실제 연소 시에는 드래프트(draft)에 의해 $k_2$는 이 표 값보다 상승한다. 표 5.3을 그래프로 나타내면 그림 5.4와 같다.

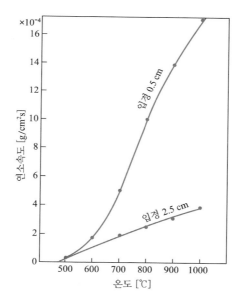

그림 5.4 온도, 입경과 연소속도의 관계

## 5 강열감량, 연소효율, 열효율

### 1. 강열감량

감열감량은 소각 잔류물 중의 미연분의 양을 말하며, 식 5.14와 5.15와 같이 나타낼 수 있다.

- 건조상태에서 불연물의 비율($G$)

$$G = \frac{C}{B} \times 100 \ [\%] \tag{5.13}$$

- 건조 불연물 제거 상태에서의 강열감량($F$)

$$F = (1 - \frac{E}{D}) \times 100 \ [\%] \tag{5.14}$$

- 소각 잔류물 중의 강열감량($H$)

$$H = F(1 - \frac{G}{100}) = (1 - \frac{E}{D})(1 - \frac{C}{B}) \times 100 \ [\%] \tag{5.15}$$

여기서 $G$ : 소각 잔류물의 건조상태에서 불연물의 비율[%], $B$ : 소각 잔류물의 건조 후 중량[g], $C$ : $B$에서 제거한 불연물의 중량[g], $F$ : 건조 불연물 제거상태에서의 강열감량[%], $E$ : 800~900℃ 강열 산화처리 후의 가연분 중량[g], $D$ : 건조 불연물 제거상태에서 도가니에 넣은 중량[g], $H$ : 소각 잔류물 중의 강열감량[%]이다.

---

**예제 5.1**

소각 잔류물의 건조 후 중량 $B = 100$ g, $B$에서 제거한 불연물의 중량 $C = 10$ g, 강열 건조 후의 가연분 중량 $E = 87$ g일 때, 건조 불연물 제거상태에서의 강열감량($F$), 소각 잔류물의 건조상태에서 불연물의 비율($G$), 소각 잔류물 중의 강열감량($H$)은 각각 얼마인가?

$$F = (1 - \frac{E}{D}) \times 100 = (1 - \frac{87}{90}) \times 100 = 3.33\%$$

$$G = \frac{C}{B} \times 100 = \frac{10}{100} \times 100 = 10\%$$

$$H = F(1 - \frac{G}{100}) = 3.33(1 - \frac{10}{100}) = 3\%$$

## 2. 연소효율

폐기물을 소각할 때 완전연소량에 대한 실제 연소량의 비율이 연소효율 $\zeta_c$ 이다(즉, $\zeta_c$=실제 연소량/완전연소량). 소각로의 경우 열 이용이 주목적이 아니긴 하지만 2차 공해방지 면에서 연소효율이 높은 노가 바람직하다. 특히 조연을 필요로 하는 대상물의 소각로에 있어서는 연소효율이 낮을수록 조연량을 많이 요한다. 연소효율은 식 5.16에 의해 구해진다.

$$\zeta_c = \frac{H_l - (L_e + L_i)}{H_l} \times 100 \ [\%] \tag{5.16}$$

여기서 $\zeta_c$ : 연소효율[%], $H_l$ : 피소각물 습량 기준 저위 발열량, $L_e$ : 소각 시 재 속의 미연 손실, $L_i$ : 불완전 연소가스 손실이다.


## 3. 강열감량과 연소효율의 관계

연소효율과 관련된 미연분과 소각재 중의 강열감량은 반드시 일치하지는 않는다. 그 관계를 알아보기 위해서 표 5.4와 같은 가연성 건조 폐기물의 조성 예를 이용하여 다음 4가지 경우에 대해 강열감량과 연소효율의 관계를 비교해 보자.

표 5.4 가연성 건조 폐기물의 조성

| 경우 \ wt% | 건조 폐기물 조성 | | 소각 잔류물 내역 | |
|:---:|:---:|:---:|:---:|:---:|
| | 가연분 | 소각 잔류물 | 불연물 | 소각재(회분) |
| (1) | 10 | 90 | 18 | 72 |
| (2) | 10 | 90 | 72 | 18 |
| (3) | 90 | 10 | 2 | 8 |
| (4) | 90 | 10 | 8 | 2 |

각각의 경우 100 g을 소각했을 때 연소효율이 90%인 경우 소각 잔류물 중 강열감량 $H$를 계산하면 다음과 같다.

① 경우 1

- 가연분        = 10 g ┈┈  미연분 = 1 g ($\because$ 효율 = 90%)
- 소각 잔류물 = 90 g ┈┈  불연물 = 18 g = $C$
            (= 회분 + 불연물)        회분 = 72 g
  - 소각 잔류물의 건조 후 중량
    $B = 1 + 18 + 72 = 91$ g
  - 건조 불연물 제거상태에서 도가니에 넣은 중량
    $D = B - C = 91 - 18 = 73$ g
  - 800~900℃ 강열 건조 후의 가연분 중량
    $E = 73 - 1 = 72$ g
  $\therefore$ 소각 잔류물 중의 강열감량
  $$H = (1 - \frac{E}{D})(1 - \frac{C}{D}) \times 100$$
  $$= (1 - \frac{72}{73})(1 - \frac{18}{91}) \times 100 = 1.099 \ [\%]$$

② 경우 2

- 가연분        = 10 g ┈┈  미연분 = 1 g
- 소각 잔류물 = 90 g ┈┈  불연물 = 18 g = $C$
            (= 회분 + 불연물) 회분 = 72 g
  - $B = 1 + 18 + 72 = 91$ g
  - $D = B - C = 92 - 72 = 19$ g
  - $E = 19 - 1 = 18$ g
  $\therefore \ H = (1 - \frac{E}{D})(1 - \frac{C}{D}) \times 100$
  $$= (1 - \frac{18}{17})(1 - \frac{72}{91}) \times 100 = 1.099 \ [\%]$$

③ 경우 3

- 가연분        = 90 g ┈┈  미연분 = 9 g
- 소각 잔류물 = 10 g ┈┈  불연물 = 2 g = $C$

$$(= \text{회분} + \text{불연물}) \qquad \text{회분} = 8 \text{ g}$$

- $B = 19 \text{ g}$
- $D = B - C = 19 - 2 = 17 \text{ g}$
- $E = 17 - 9 = 8 \text{ g}$

$$\therefore H = (1 - \frac{8}{17})(1 - \frac{2}{19})100 = 47.37\%$$

④ 경우 4

- 가연분 $= 90 \text{ g}$ ······· 미연분 $= 9 \text{ g}$
- 소각 잔류물 $= 10 \text{ g}$ ······· 불연물 $= 2 \text{ g} = C$

$$(= \text{회분} + \text{불연물}) \qquad \text{회분} = 8 \text{ g}$$

- $B = 19 \text{ g}$
- $D = B - C = 19 - 8 = 11 \text{ g}$
- $E = 11 - 9 = 2 \text{ g}$

$$\therefore H = (1 - \frac{2}{11})(1 - \frac{8}{19})100 = 47.37\%$$

앞에서 언급한 4가지 경우와 같이 연소효율이 대응하는 미연분과 소각 잔류물 중의 강열감량은 반드시 일치하지는 않는다. 동일 연소효율에서도 가연성 건조고체 조성에 있어서 가연분이 회분(불연물 포함)에 비해 그 비율이 클수록 강열감량은 커진다. 그러나 소각 잔류물의 건조상태에서 불연물과 소각재의 비율에는 관계없다. 각 건조고체 조성에 대해서 연소효율에 대응하는 강열감량을 표 5.5에 나타내었다. 이것을 그래프로 하면 그림 5.5와 같이 된다.

표 5.5 **연소효율 대응 강열감량**

| 건조고체 조성[%] | | 연소효율 대응 강열감량[%] | | | |
|---|---|---|---|---|---|
| 가연분 | 회분(불연물포함) | 95% | 90% | 80% | 70% |
| 10 | 90 | 0.552 | 1.099 | 2.17 | 3.23 |
| 30 | 70 | 2.10 | 4.11 | 7.89 | 11.39 |
| 50 | 50 | 4.76 | 9.09 | 16.67 | 23.08 |
| 70 | 30 | 10.45 | 18.92 | 31.32 | 41.97 |
| 90 | 10 | 31.03 | 64.29 | 64.29 | 72.97 |

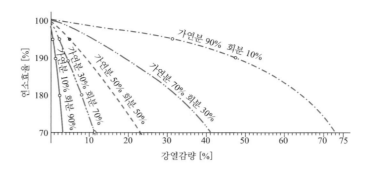

그림 5.5 **연소효율과 강열감량의 관계**

강열감량이 작을수록 완전연소에 가까우며, 연소효율이 높은 노일수록 강열감량도 작다. 가연분 비율이 큰 대상물일수록 연소효율을 보다 높게 해야 강열감량의 저감이 용이하다.

## 4. 열효율

열효율은 유효열과 공급열의 비로써 식 5.17과 같다.

$$\zeta_l = \frac{Q_f - Q_o}{Q_f} \times 100 = \frac{Q_e}{Q_f} \times 100 \ [\%] \tag{5.17}$$

여기서 $\zeta_l$ : 열효율, $Q_e$ : 유효열, $Q_f$ : 공급열, $Q_o$ : 방출열이다. 소각로의 경우 유효열($Q_e$)은 보통 피소각물의 함유수분을 증발시켜서 가연분의 점화연소를 완료시킬 때까지 필요로 하는 열량이고, 공급열($Q_f$)은 소각물의 저위 발열량과 조연열량을 주체로 하는 입열을 말한다. 조연 등이 필요로 하지 않는 발열량이 높은 폐기물을 소각하여 폐열을 이용할 경우, 유효열은 회수 이용열량을 택하고 공급열은 입열을 택한다. 폐기물 소각 시 열효율 향상 대책은 다음과 같다.

• 강열감량을 적게 하여 열분해 생성물을 완전연소시킨다.
• 강연소 시 생성된 열을 피열물에 유효하게 전달하고, 배가스의 현열 반출

손실을 적게 한다.
- 복사 전열에 의한 방열 손실을 최대한 줄인다.
- 소각 잔류물의 현열 손실을 줄인다.
- 간헐 운전에 있어서는 전열효율의 향상에 의한 승온 시간의 단축을 도모한다.
- 배가스 재순환에 의한 전열효율의 향상과 최종 배출가스 온도를 가능한 적게 한다.

## 6 고형 폐기물 소각법

고형 폐기물을 소각할 경우 공해배출을 줄이고 연소효율 향상을 위해서, 그 조성 및 성상에 따라 소각로의 형식 및 구조를 선정할 필요가 있다. 고형 폐기물을 성상에 따라 분류하면 다음과 같다.

- 함유수분(주로 부착 수분)이 많은 대상물
- 수분율이 극히 적은 폐기물
- 보통 잡쓰레기와 고분자계 대상물의 혼합 폐기물
- 동물사체와 도살장 찌꺼기 폐기물

## 1. 함유수분이 많은 폐기물

슬러지, 주방 쓰레기, 채소 쓰레기, 소·말·계분, 다습 쓰레기 등의 경우로 함유수분이 40% 이상이다. 연소과정은 그림 5.6과 같이 수분함유 폐기물이 우선 건조된 후 열분해 과정을 거치면서 휘발분이 방출 및 점화된 후 확산연소가 진행된다. 그 후 폐기물 중에 남아 있는 고정탄소로 산소가 확산되어 연소가 진행된 후 연소과정이 종료된다. 따라서 수분율이 많은 대상물을 효율적으로 소각하려면 건조효율과 연소효율이 최대한 높은 시스템으로 해야 하는데, 이를 위해서는 폐기물의 혼합이 잘 이루어지도록 폐기물의 교반과 반전 등이 잘 이루어지는 구조로 되어야 한다.

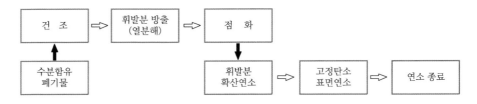

그림 5.6 수분함유 폐기물의 연소과정

## 2. 수분률이 극히 적은 폐기물

폐플라스틱, 폐타이어 등과 같이 고분자로 구성되어 있는 폐기물은 함유 수분이 약 1% 이하로 수분이 거의 없고, 열분해속도가 큰 특징을 가지고 있다. 보통 C/H 비가 큰 것일수록 연소할 때 검댕(soot)으로 되기 쉽다.

### (1) 휘발분이 많고 열분해속도가 빠른 것

검댕의 배출 없이 완전연소시키기 위해서는 1차 연소에서 $400 \sim 500$℃의 저온에서 건류 가스화하고, 2~3차 연소과정에서 미연가스를 산소(공기)와 잘 혼합시켜 완전연소시킨다. 열부하(thermal load)는 일반적으로 과대하게 하지 않고 열분해가스의 연소를 위한 충분한 체류시간을 갖도록 한다. 노의 형식은 고정바닥상(fixed hearth) 방식 또는 유동상(fluidized bed) 방식을 택한다. 보통 휘발분이 많고 분해속도가 빠른 것은 화학반응 속도계수 $k_1$이 큰 것이므로, 완전연소를 위해서는 산소(공기)의 확산도달 속도계수 $k_2$를 크게 하도록 한다. 혼합연소 등의 경우와 같이 $k_2$를 $k_1$에 대하여 균형이 잡히도록 크게 취하는 것이 곤란할 때는 $k_1$을 억제하는 방법을 취한다.

### (2) 휘발분이 비교적 적고 점화 연소성이 불량한 것

열경화성 수지, 코크스, 무연탄 등이 이에 해당된다. 열부하를 크게 $20 \times 10^4 \sim 50 \times 10^4$ kcal/m³h로 잡고 공기비를 적당히 유지하면서 연소시킨다.

또한 연소분위기 온도를 높게 유지하고 유동 연소가스를 난류 상태로 폐기물 표면에 접촉시키며, 적당한 교반 등에 의해서 끊임없이 새로운 표면을 노출시킨다. 또한 전처리로서 파쇄에 의해 입경을 작게 하는 것도 바람직하다.

## 3. 보통 잡쓰레기와 고분자계 대상물의 혼합 폐기물

종이부스러기, 넝마, 나무부스러기, 골판지 등의 잡쓰레기로 수분함량이 40% 이하이다. 저위 발열량이 3,000 kcal/kg 내외로서 점화 연소성이 매우 좋다. 따라서 화격자 하부에서 공기가 공급되는 상향류식으로 소각할 경우 연소속도도 빠르고 높은 효율을 얻을 수 있다. 그러나 열용융성이 높은 폐플라스틱이 10% 이상 혼입되면 검댕이 나오기 쉽다. 또 20%까지 혼입되면 연소로 열부하가 너무 커지고 고온으로 되어 화격자의 내구성이 없어진다. 혼입 폐플라스틱은 열을 받아 용융하여 화격자에서 방울져 떨어지고, 노 바닥에서 연소하기 때문에 화격자의 재질은 내열성이 높은 것을 요하며 내화벽돌이나 내열 캐스터블로 해야 한다. 폐플라스틱 혼입의 경우 단단연소에서는 산소의 확산도달 속도계수 $k_2$를 화학반응 속도계수 $k_1$과 균형을 유지할 정도로 높이는 것이 곤란한 경우가 많다. 따라서 검댕의 생성을 방지하기 위해서는 다음과 같이 해야 한다.

- 1차 공기를 연료과농의 상태로 소량을 보내 휘발시키고, 이 미연가스를 2~3차 공기의 균등 분산으로 공급하여 완전연소시킨다.
- 혼합 폐기물에 투입 전 10~30% 정도의 수분을 첨가하여 플라스틱류의 열분해속도를 억제한다.
- 연소가스와 화염이 화격자를 통과해서 아래쪽으로 흐르는 하향류식을 택한다.

단 하향류식은 보통의 상향류식에 비하여 연소속도는 30~50% 저하를 초래한다. 따라서 대형 소각로의 경우 1차 공기는 억제하고 냄새물질의 완전연소가 가능하도록 850℃ 이상의 축열 및 재연소의 고온영역을 형성시켜, 2~3차 공기를 균일하게 공급해서 이미 생성된 검댕이와 미연가스를 완전연소시킨다. 단 화격자의 재질은 용융되어 하부로 떨어지면서 연소되는 것에 대하여 충분한 내열성을 갖도록 한다.

## 4. 동물사체와 도살장 찌꺼기 폐기물

일반적으로는 배치(batch)형 고정 화격자 연소방식 또는 바닥상(hearth) 연소방식을 취한다. 동물사체의 경우 조연버너 연소 시 발생되는 고온의 연소가스 전열에 의해 내장이 파열되고, 수분과 지방분 등이 유출되어 건조 및 가열이 진행되면서 점화연소가 지속된다. 화격자 방식의 경우 액체가 노 바닥에 떨어지기 때문에 화격자 하부에도 조연 버너를 설치하든가 화격자 위의 연소 시 발생된 고온의 혼합가스를 아래쪽으로 통과시킨다. 동물류의 소각은 악취가 매우 심하기 때문에 2~3단 연소방식으로 완전 탈취를 도모할 필요가 있다

# Chapter 06 소각처리 시스템

## 1 폐기물 소각방식의 분류

폐기물을 소각시키기 위해서는 고형, 액상, 기체의 소각 대상물 특성에 맞는 소각방식을 선정해야 한다. 소각방식은 화격자식(grate type), 화상식(hearth type), 노즐/버너(nozzle/burner type)가 있으며 표 6.1과 같다.

표 6.1 소각방식의 분류

| 소각방식 | 분류 | | 비고[1] |
|---|---|---|---|
| 화격자<br>(Grate) | | 고정 화격자(Fixed grate) | 제4장 |
| | 구동 화격자<br>(Stoker) | 원형 화격자(Circular grate) | 제5장 |
| | | 이동 화격자(Traveling grate) | 제5장 |
| | | 왕복운동 화격자(Reciprocating grate) | 제5장 |
| | | 접동 화격자 | 제5장 |
| | | 병렬요동 화격자(Parallel rocking grate) | 제5장 |
| | | 드럼 화격자(Drum grate) | 제5장 |
| | | 부채꼴형 화격자 | 제5장 |
| | | 로타리킬른 화격자(Rotary kiln grate) | 제5~6장 |
| | | 수면 화격자(Water grate) | 제6장 |
| 화상<br>(Hearth) | 고정화상(Fixed hearth) | | 제4장 |
| | 회전화상(Rotating bed) | | 제6장 |
| | 다단화상(Multiple hearth) | | 제6장 |
| | 유동층상(Fluidized bed) | | 제6장 |
| 노즐/버너<br>(Nozzle/Burner) | 액체분사노즐(Liquid injection nozzle) | | 제7장 |
| | 가스버너(Gas burner) | | 제8장 |

---

[1] 소각방식 분류별로 관련되는 장(chapter)을 나타내었다.

## 2 국부 고형 폐기물 처리

국부 고형 폐기물 처리(on-site solid waste disposal)는 폐기물 발생장소에서 소각처리하는 방법으로 단일 연소실 소각로(Single chamber incine- rator)와 다단 연소실 소각로(Multiple chamber incinerator)가 있다.

## 1. 단일 연소실 소각로

단일 연소실 소각로는 지난 수십 년 동안 발전하였으나 대기오염 배출 기준을 맞추지 못하였다. 전형적인 소각로의 예를 그림 6.1에 나타내었다. 이 소각로는 폐기물을 고정화격자 위에 놓고 화격자 하부에 1차 연소용 공기, 상부에 2차 연소용 공기를 각각 공급시키면서 소각하는 방식이다. 발열량이 낮은 폐기물이나 수분이 다량 함유되어 있어 폐기물이 자체적으로 연소가 불가능할 경우는 보조연료를 사용한다.

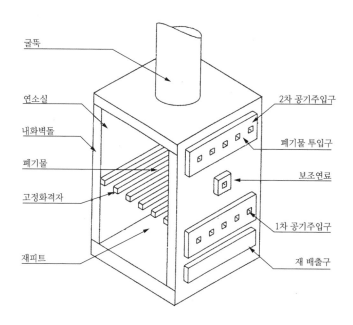

그림 6.1 단일 연소실 소각로

# 2. 다단 연소실 소각로

다단 연소실 소각로는 연소생성물의 완전연소와 배출가스 내의 검댕(soot)을 감소하는 것을 목적으로 개발되었다. 1차 연소실에서 폐기물을 1차적으로 연소시키고, 이때 발생하는 연소 가능한 고체(검댕과 비산재)와 미연 가스상 생성물을 2차 연소실에서 완전연소시킨다. 2차 연소실은 완전연소를 위해 충분한 체류시간을 유지시키고, 2차 연소용 공기와 보조연료를 공급하는 구조로 되어 있다. 다단 연소실 소각로는 증류 소각로(Retort incinerator)와 직렬 소각로(In-line incinerator) 두 가지 기본 형태가 있다.

## (1) 증류 소각로

증류 소각로는 9~340 kg/h 범위의 폐기물을 소각할 때 사용된다. 이 소각로는 여러 개의 배플(baffle)을 노 내에 가지고 있는 컴팩트한 직사각형(cubic-type)의 모양이다. 배플들은 연소가스가 수평과 수직방향으로 90도 전환되게 설치되었다. 연소가스가 방향전환될 때 가스 중에 함유된 비산재가 분리된다. 1차 연소실은 폐기물과 재가 분리되도록 고정화격자가 일정 높이에 설치되어 있으며 재는 재 피트에 모아진다.

그림 6.2는 전형적인 증류 소각로이다. 하부공기(underfire air)와 상부공기(overfire air)는 1차 연소실 고정화격자의 아래와 위로 각각 유량이 조절되는 블로어에 의해 공급된다. 1차 연소실에서 생성된 미연가스는 화염포트를 통하여 혼합실을 거쳐 2차 연소실로 들어간다. 2차 공기포트는 혼합실과 2차 연소실에 공기를 공급한다. 보조버너는 1차 연소실과 혼합실에 각각 설치되어 있다. 시동 이후 폐기물의 점화와 자체적으로 연소가 유지될 정도로 연소실의 온도가 충분히 높으면 1차 연소실의 버너는 사용하지 않아도 된다. 하지만 혼합실은 보통 보조연료를 계속 공급하여 연소시킨다. 2차 연소실로 유입되는 커다란 비산 분진들은 2차 연소실에서 분리되고, 약 760℃로 충분히 높게 유지된 연소실 내에서 완전연소되어 분해된다. 따라서 이 소각로는 부수적인 대기오염 제어장치가 없이 $CO_2$가 12%일 때 배출분진의 농도가 0.183 g/DSCM(dry standard cubic meter)로 단일 연소실 소각로에 비해 상대적으로 낮다.

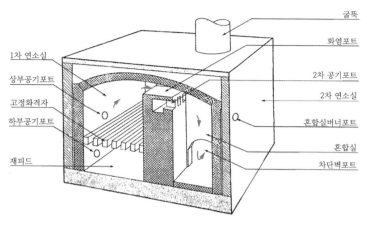

그림 6.2 **증류 소각로**

## (2) 직렬 소각로

직렬 소각로는 증류 소각로보다 크기가 크며, 폐기물 공급량이 230~910 kg/h 범위에서 사용된다.

그림 6.3에 천연가스를 보조연료로 사용하는 직렬 소각로를 나타내었다. 폐기물은 투입구를 거쳐 1차 연소실의 구동화격자 상부로 공급되며 연속적으로 소각된다. 1차 연소실에 구동화격자 대신 고정화격자가 설치된 경우도 있는데, 이 경우는 간헐식(batch type) 또는 반연속식(semi-continuous type)으로 작동된다.

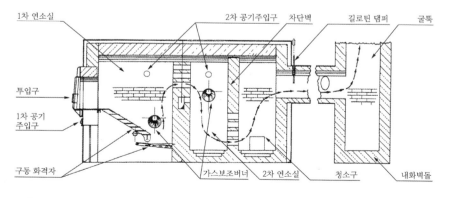

그림 6.3 **직렬 소각로**

직렬 소각로는 증류 소각로와 같이 가스의 흐름형태를 변화하거나 가스의 흐름에 장애를 주어 큰 입자를 분리하며, 강한 난류를 형성하는 구조로 설계되어 효과적으로 폐기물을 소각할 수 있도록 되어있다. 1차 연소실에 있는 가스 보조버너는 폐기물을 점화시키는 반면에, 2차 연소실의 보조버너는 배출가스 중의 연소되지 못한 성분들의 완전연소를 유지하기 위한 열공급원으로 사용된다. 이 소각로는 연속적인 작업을 위하여 자동 재제거장치나 재방출 컨베이어가 종종 사용되지만, 폐기물 투입량이 450 kg/h보다 작은 경우는 일반적으로 사용하지 않는다.

## ■3■ 중앙 집중식 소각 시스템

지금까지 폐기물의 소각처리는 주로 도시 고형 폐기물의 처리에 국한되어 왔다. 하지만 최근 들어 공업단지나 공업지역을 중심으로 산업체들도 경제성과 처리효율 등을 고려하여 대규모로 폐기물을 소각하는 방안을 채택하는 경향이 있다. 중앙집중식 소각 처리는 다음의 요인으로 인해 시작되었다.

첫째, 폐기물 소각 시 발생되는 폐열을 증기나 전기와 같은 에너지로 회수하는 것이 경제적이라는 관점에서, 중앙집중식 소각처리 기술개발이 촉진되었다. 소각 시 에너지 회수는 소각 설비가 클수록 효율적이고 경제적이다.

둘째, 중앙 집중식의 경우 소각로 건설비 및 가동비는 전기 또는 발전용 및 난방용 수증기를 생산하여 판매함으로써 충당할 수 있다.

셋째, 화석연료의 고갈과 가격상승으로 인하여 폐기물 소각과 같은 시설로부터 에너지의 생산을 촉진시키는 계기가 되었다.

중앙 집중식 소각시설은 폐기물 종류 및 특성에 따라 여러 형태의 소각로가 사용된다. 그 외에 폐기물 반입 및 공급 설비, 연소가스 냉각 설비, 배출가스 처리 설비, 급배수 설비, 여열이용 설비, 통풍 설비, 소각재와 비산재의 분리배출 및 보관 설비(필요시 소각재의 고형화, 용융화 등 안정화 설비 포함), 폐수처리 설비, 유틸리티 설비, 수배전 설비, 계장제어 설비 등으로 구성되어 있다. 중앙 집중식 소각 프로세스의 기본 구성은 그림 6.4와 같으며, 중앙 집중식 소각시설의 일례를 그림 6.5에 나타내었다.

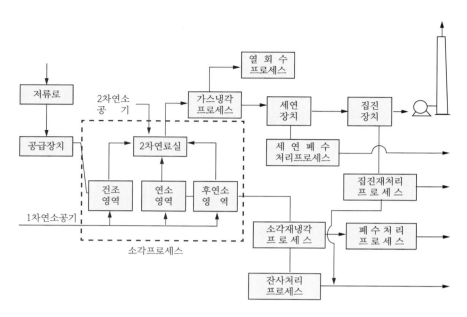

그림 6.4 중앙 집중식 소각 프로세스 시스템의 구성

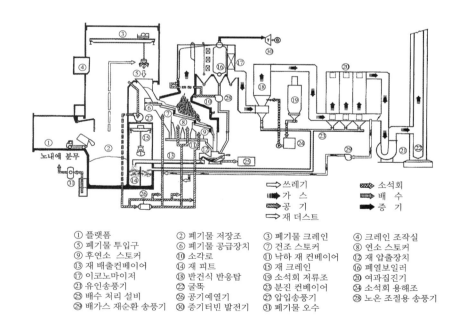

| | | | |
|---|---|---|---|
| ① 플랫폼 | ② 폐기물 저장조 | ③ 폐기물 크레인 | ④ 크레인 조작실 |
| ⑤ 폐기물 투입구 | ⑥ 폐기물 공급장치 | ⑦ 건조 스토커 | ⑧ 연소 스토커 |
| ⑨ 후연소 스토커 | ⑩ 소각로 | ⑪ 낙하 재 컨베이어 | ⑫ 재 압출장치 |
| ⑬ 재 배출컨베이어 | ⑭ 재 피트 | ⑮ 재 크레인 | ⑯ 폐열보일러 |
| ⑰ 이코노마이저 | ⑱ 반건식 반응탑 | ⑲ 소석회 저류조 | ⑳ 여과집진기 |
| ㉑ 유인송풍기 | ㉒ 굴뚝 | ㉓ 분진 컨베이어 | ㉔ 소석회 용해조 |
| ㉕ 배수 처리 설비 | ㉖ 공기예열기 | ㉗ 압입송풍기 | ㉘ 노온 조절용 송풍기 |
| ㉙ 배가스 재순환 송풍기 | ㉚ 증기터빈 발전기 | ㉛ 폐기물 오수 | |

그림 6.5 중앙 집중식 소각시설 설비의 예

# 1. 폐기물 반입 및 공급 설비

반입 및 공급 설비는 반입되는 폐기물의 중량을 계측하는 폐기물 계량기, 폐기물 수집차가 폐기물 저장조에 폐기물을 투입하기 위한 플랫폼 (platform), 폐기물 수집차가 반출입할 수 있는 폐기물 반출입문, 폐기물 저장조에 폐기물을 투입하기 위한 폐기물 투입문, 폐기물을 일시 저장하여 수집량과 소각량을 조정하는 폐기물 저장조, 폐기물 저장조에서 폐기물을 투입구(chute)로 이송하는 폐기물 크레인(waste crane) 등으로 구성되어 있다. 그림 6.6은 반입 및 공급 설비의 한 일례이다.

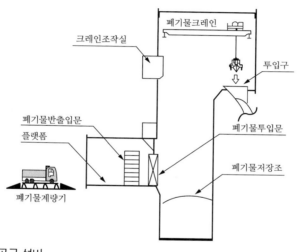

그림 6.6 반입 및 공급 설비

# 2. 폐기물 소각 설비

소각 설비에는 소각로 내에 투입되는 폐기물을 담는 투입구, 역화 방지를 위한 체절문(flap damper), 폐기물을 목적한 상태로 소각하는 구동화격자, 화격자를 구동시키는 구동장치, 폐기물을 노 내부로 밀어넣는 폐기물 공급장치(waste feeder), 화격자를 설치하여 연소가 원활히 수행될 수 있도록 하는 소각로 본체, 소각시설의 시동과 저발열량의 폐기물을 소각 시 안정된 연소가 진행되도록 하기 위해 보조연료를 연소시키기 위한 보조버너, 폐기물 오수를 노 내에 분무시켜 소각하기 위한 오수분무노즐 등이 있다. 그림 6.7은 폐기물 소각 설비 본체의 한 예로서 일반적인 개요도이다. 필요에 따라서는 화격자 소각장치 대신 유동층 소각장치 또는 로타리킬른 소각장치로 소각 설비를 대신하는 경우도 있다.

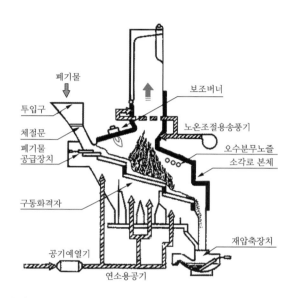

그림 6.7 폐기물 소각 설비 본체

## 3. 연소가스 냉각 및 폐열이용 설비

연소가스 냉각 설비에는 폐기물의 연소에 의해서 고온으로 된 배출가스를 적당한 온도로 내리기 위한 설비로서, 배출가스 중에 물을 직접 분사하는 물 분사식, 열교환기를 사용하는 보일러식, 물 분사식과 보일러를 겸용하는 방식 등이 있다.

보일러를 사용하는 냉각방식의 경우 발생하는 증기를 냉각하여 보일러수로 다시 순환시키기 위한 복수 설비 혹은 열이용 설비가 부수적으로 필요하다. 그림 6.8은 폐열보일러를 이용한 연소가스 냉각 설비의 한 예로서 일반적인 흐름도이다. 폐기물 연소에 의해 발생된 고온의 연소가스를 약 200℃ 내외로 냉각시키고, 연소가스 냉각에 의해 회수된 폐열로 약 20 kgf/cm² 압력의 포화증기 혹은 과열증기를 발생시킨다. 이 증기는 시스템 내 열 이용 및 주민편의시설에 필요한 열량을 공급하여 폐기물 소각 후 발생한 폐열을 유효하게 이용하는 설비이다.

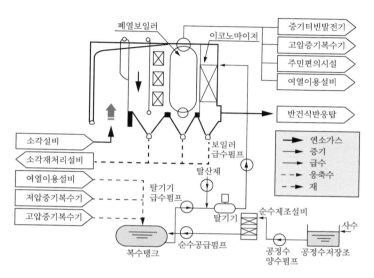

그림 6.8 폐열보일러를 이용한 연소가스 냉각 설비의 흐름도

## 4. 배출가스 처리 설비

배출가스 처리 설비에는 연소에 의해서 발생하는 분진 등을 제거하기 위한 집진기 및 규제대상이 되는 유해가스를 제거하는 유해가스 처리장치 등으로 구분되며, 관련 설비는 반건식 반응탑, 여과 집진기, 전기 집진기, 습식 세정탑, 촉매 반응탑 등이 있다. 그림 6.9는 반건식 반응탑과 여과 집진기를 사용한 일례이다. 소석회 용해조의 슬러리를 반건식 반응탑 내에 분사하면 이것이 순간적으로 건조 분말화되어 유해가스를 제거한 후, 여과 집진기로 날아들어 분진 등과 함께 포집된다. 여과 집진기의 표면에 그림 6.10과 같이 소

석회의 여과층이 형성되어 높은 제거율이 얻어진다. 버그필터의 경우 그 재질이 내열성 문제로 배가스 온도를 200~230℃ 이하로 억제할 필요가 있다.

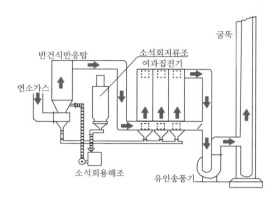

그림 6.9 배출가스 처리 설비

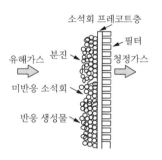

그림 6.10 버그필터의 반응원리도

## 5. 통풍 설비

통풍 설비에는 폐기물을 연소시키기 위해 필요한 공기를 연소장치에 투입하는 압입 송풍기, 연소속도를 높이기 위해 공기를 가열하는 공기예열기, 노내 온도를 조절하기 위한 노 온조절용 송풍기, 연소된 배출가스를 배출시키는 유인 송풍기, 연소가스를 대기에 방출하는 굴뚝, 배출가스를 연소 설비에서 굴뚝까지 연결하는 배출가스 덕트 등이 있으며, 그 일례를 그림 6.11에 나타내었다.

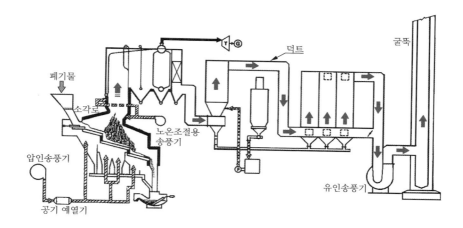

그림 6.11 통풍 설비의 구성도

## 6. 소각재 배출 설비

소각재 배출 설비는 폐기물 소각 시 발생하는 소각재를 처리하기 위한 설비로 바닥재 처리 설비와 비산재 처리 설비로 구분된다. 바닥재는 소각로에서 배출되며 비산재는 폐열보일러, 반응탑 및 여과집진기 등에서 발생된다.

그림 6.12는 일반적인 소각재 배출 설비의 계통도이다. 소각로 및 폐열보일러에서 배출된 고온의 재는 재압출장치에 모인 상태에서 화재발생과 화상을 입지 않도록 재순환수에 의해 냉각처리된 후, 재배출 컨베이어에 의해서 재피트로 이송되며, 이송 과정 중 금속분리기 등에 의해 철분이 회수된다. 반건식 반응탑 및 여과집진기에서 포집된 비산재는 분진 컨베이어에 의해 이송되어 공압식 이송설비를 거쳐 비산재 사이로에 모아진다. 이 분진 중에는 중금속 및 다이옥신이 함유되어 있어 2차 오염을 방지하기 위하여 공정수와 함께 약제를 첨가하여 고형화 처리 후에 재피트로 보내진다. 재피트에 일시 저장된 소각재는 재크레인에 의해 재배출차로 실려져 배출된다.

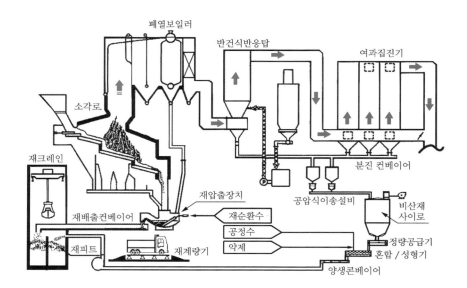

그림 6.12 소각재 배출 설비의 계통도

## 7. 배출수 처리 설비

배출수 처리 설비는 폐기물 소각시설에서 배출되는 배출수를 처리하는 설비로, 방류하는 곳의 조건에 따라 여러 장치가 조합되어 처리되어야 한다. 소각 설비에서 배출수 발생원은 소각로 세척수, 재저장조 배수, 순수제조 설비 배출수, 실험실 배수, 보일러 블로다운수, 반입실 세척수, 세차장 배수, 폐기물 저장조 침출수, 생활계 오수 등이 있다.

그림 6.13은 소각장에서 발생되는 혼합폐수의 배출수 처리 설비의 공정 흐름도를 나타낸 일례이다. 스크린조와 유수분리기에서 혼합폐수 중의 부유물질이나 기름을 각각 제거하고, 집수조에서 유입된 혼합폐수의 과부하 방지와 독성물질이나 저해물질의 일시적 유입 시 완충역활을 하며, 폐수를 안정화시키기 위해 폭기를 한다. 혼합조는 화학적 응집처리를 하는 부분으로, pH 조절조, 응집제 주입조, 응집보조제 주입조 3부분으로 구분된다. pH 조절조에서는 중금속인 Hg, Cd, Zn, Pb 등이 함유되어 있는 배수를 중금속

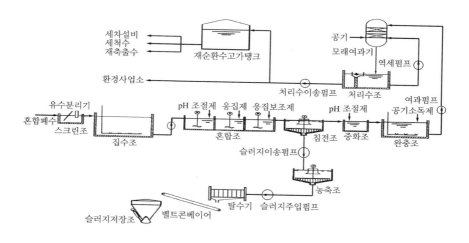

그림 6.13 **혼합폐수 배출수 처리 설비 공정흐름도**

의 성분에 따라 응집침전하여 제거하기 쉽게 산 또는 알칼리를 사용하여 pH를 조정한다. 응집제 주입조에서는 응집제 주입 직후 급속교반을 하여 중금속 이온과 응집제가 서로 충분히 접촉할 수 있도록 하여 응집제의 가교작용에 의해서 작은 플럭이 형성되도록 한다. 이렇게 형성된 플럭들은 응집보조제 주입조로 가게 된다. 응집보조제 주입조에서는 완속교반을 하여 플럭입자들간에 응집이 되도록 하여 침전이 잘 되는 더 큰 플럭을 형성시킨다. 침전조에서는 배수를 폐수와 중금속이 포함된 슬러지를 분리하는 역할을 한다. 침전된 슬러지는 많은 수분을 포함하고 있기 때문에 처리하기 곤란하므로 농축조에서 슬러지를 고액분리시켜 감량화로 탈수기의 부화량을 줄이고 장외로 반출이 용이하게 한다. 탈수기에서 수분이 75 ~ 80% 정도 함유된 슬러지를 기계적으로 탈수처리하여, 위생적이고 작업이 용이한 형태의 케이크로 고형화 처리한다. 중금속이 많이 포함되어 있으므로 슬러지 저장조에 저장한다. 침전조에서 나온 폐수는 중화조에서 각 처리 공정의 최적화를 위해서 pH를 다시 조정한다. 완충조에서는 폐수의 악취발생방지와 부패방지를 위해 폭기를 하고, 유입유량을 균등화시켜 다음 공정으로 일정하게 폐수를 보낸다. 모래여과기에서 폐수 속에 남아 있는 유기물질과 현탁물이 제거되어 처리수조로 보내진다. 이 처리수는 재순환수 고가탱크로 보내지거나 환

경사업소로 보내진다. 재순환수 고가탱크는 처리수를 재이용하기 위해서 일정량을 저장하는 장소이다. 처리수는 필요한 세차 설비, 세척수, 재축출수 등에 재이용된다.

## 8. 급배수 설비

급배수 설비는 시설부지 내의 급수 공급원에서 각 장치까지 물을 공급함과 동시에, 건축 설비에서의 급수전반과 배수처리 설비 출구에서 방류까지의 모든 시설을 포함하는 것이다.

## 9. 전기공급 설비 및 계장제어 설비

전기공급 설비는 전반적인 소각 설비에 필요한 전기를 공급하는 설비이고, 계장제어 설비는 이 시설의 운전을 원활히 제어하는 데 필요한 설비이다.

## 10. 기타 설비

기타 설비는 소각플랜트를 운전하는데 필요한 보조 설비로서, 압축공기 설비, 보조연료공급 설비, 악취제어 설비, 세차 설비, 정비 설비 등으로 구성된다.

## Chapter 07

# 도시 고형 폐기물 소각

## 1 도시 고형 폐기물 소각

### 1. 구동화격자의 종류와 구성방식

구동화격자는 고정화격자와 달리 기계적으로 구동하는 방식으로 스토커(stoker)라고도 한다. 구동화격자는 원형화격자(circular grate), 이동화격자(traveling grate), 왕복운동 화격자(reciprocating grate), 접동화격자, 병렬요동 화격자(parallel rocking grate), 드럼화격자(drum grate), 부채꼴형 화격자, 로타리킬른 화격자(rotary kiln grate) 등이 있으며, 각각의 독특한 구조를 갖고 있다.

#### (1) 원형화격자 방식

원형화격자는 그림 7.1과 같이 화격자의 중심에 교반용 써레(rabble arm)가 달린 원추형 회전화격자, 고정화격자, 연소화격자로 구성되었으며, 각각의 화격자 표면에 하부유입 연소용 공기가 유입될 수 있도록 여러 개의 공기 구멍이 있다.

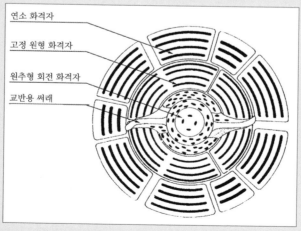

그림 7.1 **원형화격자**

그림 7.2에 원형화격자가 사용되는 수직원통형 소각로의 예를 나타내었다. 폐기물은 투입호퍼를 통해 화격자 위에서 불타고 있는 폐기물 더미 위로 직접 낙하되어 연소가 된다. 폐기물 더미는 교반용 써래가 달린 원추형 회전화격자가 느린 속도로 회전함에 따라 혼합되면서 화격자 표면에서 연소된다. 연소가 진행되면서 폐기물 더미가 점차 고정된 원형화격자와 연소화격자 전체로 퍼지며 연소가 완료된다. 하부유입 연소용 공기는 강제 통풍용 송풍기를 통해 화격자 하부로 유입되어 폐기물층으로 투입되며, 일부는 상부유입 연소용 공기 포트로 공급되어 미연가스의 연소를 촉진시킨다. 또한 1차 연소에서 생성된 미연소 물질들은 다시 2차 연소실에서 완전히 연소되며, 이때 완전연소를 돕기 위해 보조연료를 사용하는 연소기가 이용된다. 이 노는 소각재가 소각잔류물 호퍼를 통해 자동으로 포집되어 제거되며, 노의 청소는 노벽에 달린 청소구로 사람이 들어가서 노벽과 화격자를 청소하거나 파워 실린더(power cylinder)를 이용한다. 파워 실린더는 화격자 상부의 노벽을 상하로 이동하면서 노벽의 재를 제거한다. 이와 같은 소각장치는 비교적 고농도의 대기오염물질들이 배출되어 현재는 많이 이용되고 있지는 않다.

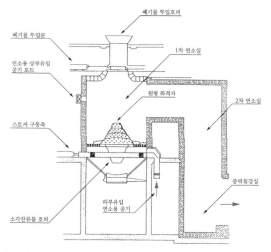

그림 7.2 원형화격자 시스템

## (2) 이동화격자 방식

이동화격자는 그림 7.3과 같이 다수의 화격자 조각을 체인링크(chain link)에 무한궤도형으로 설치하여 화격자 면을 구성하고 있다. 이 화격자는 폐기물의 이송은 잘 이루어지지만, 연소에 필요한 폐기물층의 반전기능이 없는 것이 단점이다. 따라서 건조, 연소, 후연소의 각 화격자간의 단차를 크게 두어 그곳에서의 낙하에 의한 반전이 일어나도록 하거나, 화격자 상에 요동장치를 추가하여 보완하는 방법이 있다. 이 형식은 각 단계에서의 냉각 효과도 좋고, 마모에 의한 손상 정도도 다른 형식보다 적으므로 내구성이 좋으며, 구동방식은 전동식을 사용한다. 그림 7.4는 이동화격자를 이용한 소각로의 일례이다.

그림 7.3 이동화격자

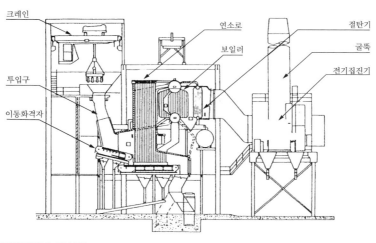

그림 7.4 이동화격자 시스템

## (3) 왕복운동 화격자 방식

원래 탄광지역에서 사용되었던 것을 폐기물 소각용으로 설계 변경한 것이다. 고정화격자 사이에 왕복운동을 하는 가동화격자들이 교대로 배치되어 왕복운동을 함으로써 폐기물의 이동과 혼합이 이루어진다. 그리고 건조와 연소가 비교적 넓은 화격자 위에서 일어나도록 되어 있고, 화격자 밑으로 낙하하는 재나 용융물의 매달림을 방지하는 점이 특징이다. 하지만 고정화격자와 왕복화격자 사이에 폐기물이 끼어 막히는 문제가 있다.

그림 7.5와 같이 폐기물의 이동과 화격자의 구동방향에 따라 정동식(parallel moving type)과 역동식(counter moving type)으로 구분된다. 정동식은 화격자가 폐기물의 이송방향과 동일한 방향으로 구동되고, 역동식은 반대방향으로 구동된다.

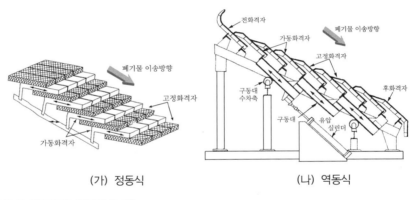

(가) 정동식          (나) 역동식

그림 7.5 **왕복운동 화격자**[1, 2]

## (4) 접동화격자 방식

이 방식은 원래 유럽에서 갈탄 연소용으로 사용되었던 것을 폐기물 소각로용으로 설계 변경한 것이다. 접동화격자 방식은 그림 7.6과 같이 각각의 화격자 셀이 상하로 움직이면서 폐기물을 혼합하여 출구로 이동시킨다. 하지만 화격자가 수평으로 설치되어 있어 폐기물의 이송이 느리다.

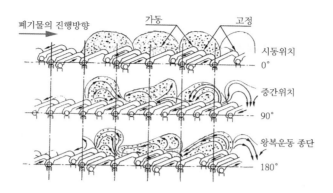

그림 7.6 접동식 화격자

## (5) 병렬요동 화격자 방식

이 방식은 그림 7.7과 같이 화격자가 폐기물의 이송방향으로 전체적으로 경사져 있고, 계단상 기복의 형태로 종방향으로 분할되어 병렬로 되어있으며, 고정화격자와 가동화격자가 교대로 배열되어 있다. 가동화격자는 전후 왕복운동을 하여 폐기물을 이송시킴과 동시에, 그림 7.8과 같이 상하구동이 이루어져 폐기물을 혼합시킨다. 구동방식은 유압식을 많이 사용하고 있다.

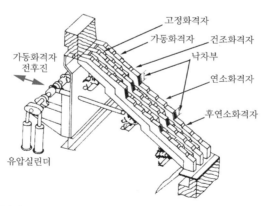

그림 7.7 병렬요동 화격자

연소공기 유입은 각 화격자의 공기구멍 또는 화격자 간의 간극을 통하여 이루어지고 있다. 이 방식은 비교적 대용량 소각로에 많이 적용되며 각 화격자 사이에 단차를 두어 폐기물이 반전되도록 하기 때문에 연소조건은 양호하며, 건조와 연소용으로 광범위하게 이용되고 있다. 화격자의 냉각과 마모에 대한 재질적인 배려가 필요하다.

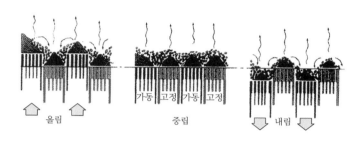

그림 7.8 화격자의 횡단면 작동도

## (6) 드럼화격자 방식

드럼화격자는 많은 통기구멍이 있는 원통이 폐기물의 흐름과 직각 방향으로 5~7단 정도의 계단상으로 구성되어 있으며, 전체가 아래방향의 각도를 갖고 완만한 속도로 회전하는 형식이다. 폐기물은 원통의 회전과 함께 반전과 교반을 하면서 이송된다. 공기 공급유로는 1개의 원통에 1개씩 설치되며, 공기는 원통표면의 통기구멍을 통하여 노 내로 들어간다. 구동장치는 전동식이고 가변 감속기 등을 통해 회전수를 원통마다 조절하는 것이 가능하다.

이 형식의 화격자는 건조, 연소, 후연소를 동일 형식의 회전 드럼(drum)에 의해 움직이는게 일반적이나, 후연소 화격자만 별도로 설치하는 예도 있다. 이 화격자는 폐기물의 이송이 확실하고 화격자가 아래 부분에서 회전하며 냉각되기 때문에 과열되지 않고 화격자의 형상 및 구동장치가 간단하다. 하지만 화격자 간의 틈새에 막힘 현상이 생기기 쉽고, 폐기물층이 두꺼운 경우에는 교반과 반전에 문제가 생길 수 있기 때문에 주의가 필요하다. 그림 7.9는 드럼화격자의 일례를 나타낸 것이다.

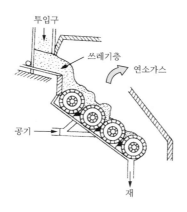

그림 7.9  드럼화격자

## (7) 부채꼴형 화격자 방식

이 방식은 그림 7.10과 같이 화격자가 전체적으로 아래 방향의 각도를 갖고 부채꼴형 화격자가 계단상으로 배열되어 있다. 이 부채꼴형 화격자는 그림 7.11과 같이 교각이 90도 반전 왕복운동하는 것에 의해 폐기물을 반전시키면서 이동시키는 형식이고, 통기구멍은 각각의 화격자에 설치되어 있다.

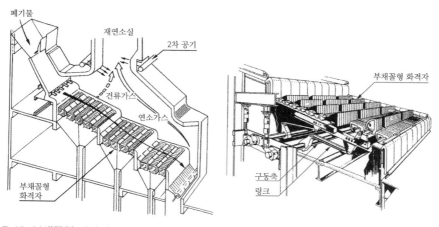

그림 7.10  부채꼴형 화격자 시스템          그림 7.11  부채꼴형 화격자

화격자의 구동은 유압 실린더에 의해 구동되며 구동축 및 링크의 구조에 따라 화격자를 교차 또는 연속적으로 상하 구동하여 폐기물을 전방으로 보내도록 되어 있다. 폐기물의 이송속도는 폐기물질에 따라서 타이머 또는 유압 실린더로 유량을 조절한다.

이 화격자는 폐기물의 교반효과가 크고 떨어진 재를 꺼내기가 용이하여 수분이 많은 저질 폐기물 소각에 많이 적용된다. 소용량 연속식 소각로와 회분식 소각로 등에 사용된다. 화격자 끝부분의 이물질이 맞물리면 파손의 우려가 있고, 연소영역에서 폐기물층 외에 화격자를 노출시키면 고온에 의해 손상될 우려가 있기 때문에 주의가 필요하다.

## (8) 로타리킬른 화격자 방식

로타리킬른 화격자는 그림 7.12와 같이 수냉관과 핀을 맞추어 원통형상으로 하고, 냉각수는 순환펌프에 의하여 수냉관을 거쳐 보일러로 공급된다. 연소용 공기는 화격자 본체 하부의 댐퍼에서 공기량이 조절되어 공기주입구를 통하여 공급된다. 폐기물의 이송은 화격자의 회전속도로 조절이 가능하다.

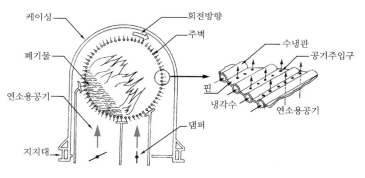

그림 7.12 **로타리킬른 화격자**

그림 7.13은 로타리킬른 화격자가 장착된 시스템의 일례이다. 폐기물 투입구로 투입된 폐기물은 건조와 초기연소를 위해 두 개의 이동식 화격자가 사용되고, 이 장치의 핵심인 로타리킬른 화격자에서 완전연소가 이루어지는 구조이다. 연소 생성물과 재는 로타리킬른 화격자 끝에서 소각재 컨베이어로 제거되고, 연소가스는 집진장치를 거쳐 폐열보일러를 통과함으로써 가스

중의 열이 회수된다.

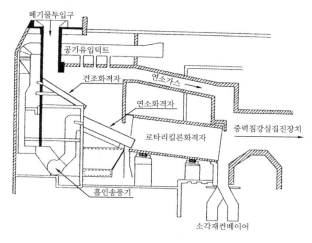

그림 7.13  로타리킬른 화격자 시스템

## 2. 화격자의 특징

### (1) 화격자의 구동과 혼합의 효용성

화격자는 폐기물과 연소용 공기가 혼합되어 연소가 진행되는 부분이다. 따라서 연소성에 큰 영향을 미치는 중요한 부분으로 다음과 같은 점들을 고려하여 설계되어야 한다.

첫째, 폐기물 침출수나 토사 등에 의해 화격자의 통기구멍에 틈막힘 현상이 일어나지 않아야 한다.

둘째, 화격자의 부분적인 큰 틈새현상이 적어야 한다.

셋째, 폐기물 더미나 큰 덩어리를 잘 풀어주고, 적당한 교반과 혼합이 이루어져야 한다.

넷째, 폐기물의 균일한 이송이 이루어져야 한다.

다섯째, 연소용 공기가 적절하게 배분되어야 한다.

## (2) 화격자의 구비조건

연소화격자는 열부하가 가장 많은 조건에서 사용되므로 그 구조 및 재질의 선택에 유의해야 한다. 따라서 화격자는 내구성 향상을 도모하는 동시에 화격자의 교체 및 보수가 용이한 구조로 해야 하며, 다음과 같은 구비조건을 갖추어야 한다.

첫째, 폐기물층의 두께와 화격자의 운동량에 유의하여 화격자면이 노 내 고온화염에 노출되지 않는 구조여야 한다. 둘째, 열발생이 집중되는 주연소 영역을 중심으로 고온강도, 내열, 내식성 및 내마모성이 우수한 재질을 선택해야 한다. 셋째, 화격자의 냉각효과가 높은 형상을 가져야 한다.

화격자면은 폐기물층의 연소에 의해 상부는 가열되지만, 하부는 1차 공기에 의해 냉각되어 적절한 방열이 이루어지게 하고, 화격자 표면온도를 내열온도 이하로 유지시켜 주는 것이 필요하다. 고급의 내열재료를 사용하더라도 적절한 1차 공기 흐름이 보장되지 않는 부분은 장기간의 내구성을 기대할 수 없다. 따라서 1차 공기 흐름의 균등한 배분과 화격자 후면에 냉각핀(fin) 설치 등의 방법에 의해 냉각효율을 높여 내구성 향상을 도모해야 한다. 또한 각각의 화격자에서 열팽창과 수축에 의한 균열 발생이 없는 형상과 크기로 설계하고, 중량을 적정무게로 제한하여 보수와 교체 시 작업이 용이하도록 한다.

## (3) 화격자의 통기저항

폐기물의 연소단계에서는 가연물과 공기와의 접촉이 특별히 중요하다. 폐기물 중에는 이연물, 난연물 및 불연물이 섞여있으며, 연소가 잘 이루어지는 이연물이 먼저 타서 블로우 홀(blow hole)이 생기게 된다. 1차 공기는 저항이 작은 이 공간으로 빠져나가게 되는데 이 공간 부근은 공기 과잉이 되고, 다른 부분은 공기 부족 현상이 발생하여 연소가 지연되기 때문에 국부적으로 소각재 중에 미연물질의 함량을 높이게 된다.

폐기물 연소에서 생기는 이러한 현상을 없애고 연소성을 향상시키기 위하여 폐기물층의 통기저항보다 다소 큰 화격자 자체의 통기저항을 갖도록 설계된다. 이 경우 화격자상의 폐기물층 두께 차나 상이한 폐기물질에 의해서 생기는 통기성 차이에 의한 영향을 감소시킬 수 있다. 따라서 각 구역별 화격자 상단면에서 거의 균등한 공기공급을 가능케 하고, 화격자 전면에서 연소속도를 균등하게 하여 연소효과가 좋게 된다. 더욱이 이러한 형식은 1차 공기를 낭비 없이 이용할 수 있어 연소의 응답속도가 빨라지고 노 내 온도제어가 용이하다. 따라서 증기의 발생량을 안정적으로 쉽게 제어할 수 있으므로 폐기물 소각 시 발생되는 배기가스 온도변화(boiler fluctuation) 문제가 다소 해결될 수 있다. 또한 화격자 하부로 낙하되는 소각재 중의 미연물을 줄일 수 있으므로 소각재의 강열감량을 작게 할 수 있다.

## 3. 화격자 내 연소과정

일반적으로 화격자식 연소장치는 그림 7.14와 같이 연소 전에 충분한 건조가 이루어져야 하는 건조영역(drying zone), 건조된 폐기물의 건류화와 연소화염이 발생하고 고온에서 활발한 산화반응이 진행되는 연소영역(burning zone), 소각재 중의 미연분을 완전히 소각시키는 후연소영역(after burning zone) 등 크게 3부분으로 나눌 수 있다. 이 영역은 화격자 형식의 명칭이 아니고 각 부분에서 이루어지고 있는 주요 역할에 대한 것으로, 형식에 따라서는 하나의 화격자에서 건조, 연소, 후연소의 효과와 역할이 모두 이루어지는 경우도 있다.

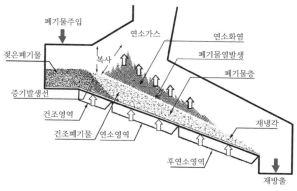

그림 7.14 화격자에서의 연소과정

## (1) 건조과정

건조과정은 젖은 폐기물의 건조가 다음과 같은 복합된 과정을 거쳐 이루어진다.

- 노 내 고온의 연소가스, 노측벽, 천장 아치부 등에서 복사열에 의한 건조
- 폐기물 하부로부터 공급되는 고온의 연소공기에 의한 통기 건조
- 폐기물층 표면과 고온 연소가스와의 접촉 건조
- 폐기물층 내에서의 부분 연소에 의한 연소 건조

일반적으로 건조영역에서는 폐기물층이 상당히 두꺼워서 복사전열과 접촉전열은 폐기물층 내부까지 미치지 않으므로, 건조효과를 높이기 위하여 폐기물층의 교반과 반전에 의해 내부층에도 건조에 필요한 열이 미치도록 한다.

## (2) 연소과정

연소는 종이, 비닐, 플라스틱류 등 용이하게 연소되는 물질로부터 시작하여 순차적으로 넓게 타들어 가게 된다. 폐기물은 잡다한 종류의 혼합체이며 연소속도 또한 차이가 나는 물질로 이루어져 있어 후연소부를 설정하여 완전연소를 도모한다.

건조된 폐기물의 착화온도는 일반적으로 200℃ 전후이며, 200℃ 이상의 연소공기가 공급되면 건조된 폐기물이 자연 착화되어 부분적으로 연소가 시작된다. 연소용 공기는 온도가 높을수록 연소가 활발하게 이루어지나, 화격자의 내열성에 대한 자체 한계 때문에, 연소용 공기온도는 화격자를 보호할 수 있고, 공기가열 열원을 고려하여 통상 250℃ 이하에서 선택하여 결정한다.

연소용 공기는 통상 필요한 전체 공기량을 1차 공기와 2차 공기로 구분하여 공급한다. 1차 공기는 화격자 하부로부터 폐기물층 내부를 통해 화격자 상에서의 연소에 필요한 공기를 공급하고, 2차 공기는 2차 연소실 입구 또는 소각로 상부에 불어 넣어 연소가스 중의 미연가스를 완전연소가 이루어지도록 한다.

## (3) 후연소과정

후연소과정에서는 고정탄소와 소각재 중에 잔류하는 미연분을 완전연소시키며, 다음의 사항들이 고려되어야 한다. 첫째, 타고 남은 미연 잔류물을 완전연소시키기 위하여 적절한 분위기 온도를 유지시킨다. 둘째, 클링커(clinker) 발생이 없고 재배출을 원활하게 한다. 셋째, 열발생량이 비교적 작은 영역이므로 필요한 소량의 공기가 정확히 공급되게 하여 불필요한 과잉공기에 의해서 냉각되지 않아야 한다.

후연소화격자는 일반적으로 연소화격자와 동일한 형식을 사용하고, 소각재는 그 말단에서 연속적으로 배출한다. 하지만 회분식(batch type)과 같은 간헐운전에서는 화격자 대신에 덤핑화격자(dumping grate)를 설치하여 소각재를 일정 시간 이상 노 내에 저장하여 완전연소를 도모하고, 연소 완결 후 단속적으로 배출시키는 경우가 있다.


# 4. 화격자 연소율과 연소실 부하

## (1) 화격자 연소율

### ① 화격자 연소율의 정의

화격자 연소율은 화격자 단위 면적당 그리고 실제 폐기물의 연소가 이루어지는 단위 시간당 연소시킬 수 있는 폐기물의 양을 의미하며, 식 7.1과 같이 구할 수 있다.

$$G = \frac{W}{T \times A} \tag{7.1}$$

여기서 $G$ : 화격자 연소율[kg/m²h], $W$ : 하루 가동시간 내에 강열감량 이하로 연소시킨 폐기물 처리량[kg/day], $T$ : 가동시간[hr/day], $A$ : 화격자의 유효면적[m²]이다. 가동시간 $T$는 연속연소의 경우 24 hr/day이 되며, 화격자의 유효면적 $A$는 폐기물과 화격자가 실질적으로 접촉하는 면적으로서 그림 7.15와 같은 방식으로 화격자 폭과 길이를 곱하여 구한다.

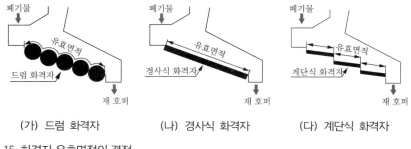

그림 7.15 화격자 유효면적의 결정

## ② 화격자 연소율과 설계 및 운전 변수와의 관계

강열감량 기준을 만족시키면서 화격자 연소율이 크다는 것은 같은 설계조건하에서 연소가 더 효율적으로 이루어짐을 의미한다. 연소가 효율적으로 이루어질 때의 연소상황은 폐기물의 질이 우수한 경우, 폐기물층으로 전달되는 연소용 공기로부터 대류열전달과 연소실로부터의 복사열전달이 큰 경우, 폐기물의 혼합효과가 뛰어난 경우 등이다. 화격자 연소율을 설계 또는 운전 변수와의 관계로 살펴보면 다음과 같다.

- 폐기물 : 폐기물의 발열량이 크거나 수분의 양이 적고, 가연분의 양이 많을 경우에는 외부로부터 피소각물에 전달되는 열전달량이 적더라도 건조과정에 필요한 시간이 짧아진다. 따라서 일단 발화가 이루어지면 자체 발열량에 의해 연소가 진행되므로 화격자 연소율이 커질 수 있다.

- 연소공기 : 1차 공기의 예열온도가 높은 경우 대류 열전달에 의해 폐기물층의 온도가 높아지므로, 폐기물의 건조가 빠르고 연소과정도 빠르게 진행된다. 따라서 완전연소에 필요한 폐기물 체류시간이 짧아지게 되어 화격자 연소율이 더 커질 수 있다. 또한 폐기물의 건조와 연소단계에서 1차 공기가 효율적으로 배분될 경우, 연소가 균일하게 효과적으로 이루어지므로 화격자 연소율이 크게 된다.

- 연소실 : 연소실이 큰 경우 연소실 체적증가에 따라 전열면적도 커지게 되어 복사열전달이 증가하므로, 폐기물의 건조에 필요한 시간이 짧아지고, 화격자 연소율이 커질 수 있다. 예를 들어, 100 ton/day 규모보다 같은 설계조건을 가지는 300 ton/day 규모의 연소실이 보다 큰 값의 화격

자 연소율을 적용할 수 있다.

- 화격자 : 화격자가 구동에 의해 폐기물 혼합이 효율적으로 이루어질 때 화격자 연소율이 커질 수 있다. 또한 강열감량을 낮추려고 하면, 즉 폐기물이 보다 완전하게 연소되도록 하려면 노 내 체류시간이 길어지거나, 폐기물층의 두께가 얇아져야 하므로 화격자 연소율은 감소하게 된다.

### ③ 화격자 연소율의 적정 범위

화격자 연소율이 지나치게 큰 경우 화격자 위에 폐기물 양이 많아 폐기물 층의 높이가 높아지게 되고 화격자의 구동에 의한 폐기물층의 혼합이 효과적이지 못하게 된다. 또한 연소실로부터의 복사열전달이 부족하게 되고 폐기물층 내 화염이 층 상부에서 하부로의 전파가 어렵게 된다. 따라서 강열감량 조건을 만족하는 연소가 어려우므로 화격자 연소율의 상한점이 존재하게 된다. 폐기물의 질이 매우 높아 체류시간이나 폐기물층 높이에 제한이 줄어들더라도 화격자의 온도가 지나치게 높아지게 되므로 화격자의 적정온도 범위 또한 화격자 연소율을 제한하는 기준이 될 수 있다. 반면 화격자 연소율이 너무 작은 경우는 화염의 유지가 어려우므로 역시 하한점이 존재하게 된다. 일반적으로 화격자 연소율은 180~350 kg/m²h 범위의 값을 가지며 연소시스템과 대상 폐기물의 특성에 따라 달라지게 된다.

## (2) 연소실 열부하

### ① 연소실 열부하의 정의

연소실 열부하(volumetric heat release rate)는 단위 용적과 단위 시간당 연소시킬 수 있는 폐기물의 발생열량을 의미하며, 식 7.2와 같다.

$$H_R = \frac{W \times H_u}{V} \tag{7.2}$$

여기서 $H_R$ : 연소실 열부하[kcal/m³h], $W$ : 폐기물 소각량[kg/h], $H_u$ : 폐기물의 저위발열량[kcal/kg], $V$ : 연소실 체적[m³]이다. 연소실의 체적($V$)은 그림 7.16과 같이 화격자에서부터 폐기물이 차지하는 공간과 폐기물 공급부분 및 재저장조 부분을 단순화하여 연소실 출구까지의 부피이다.

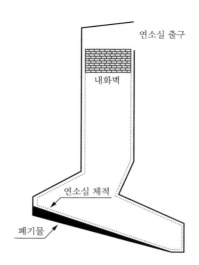

연소실 출구

내화벽

연소실 체적

폐기물

그림 7.16 열부하 계산 시 연소실 체적의 결정 [4]

**예제 7.1**

폐기물 발열량 1,400 kcal/kg, 폐기물 소각량 300 ton/day, 연소실 체적이 18 m³이고, 최대부하가 110%일 때 화격자 연소실 열부하는 얼마인가 ?

문제의 조건에서 $H_u = 1,400[\text{kcal/kg}]$, $W = 300[\text{ton/day}]$, $V = 18[\text{m}^3]$이 된다. 폐기물 소각량을 단위환산하면 다음과 같다.

$$W = \frac{300 \times 1,000}{24} = 12,500 \ [\text{kg/h}]$$

따라서 연소실 열부하는 식 7.2로부터 다음과 같이 구해진다.

$$H_R = \frac{W \times H_u}{V} = \frac{500 \times 12,500}{18} = 3.47 \times 10^5 \ [\text{kcal/m}^3\text{h}]$$

문제에서 최대 부하가 110%일 때이므로 최대 연소실 열부하는 다음과 같다. 즉, 최대 연소실 열부하= $3.47 \times 10^5 \times 1.1 = 3.82 \times 10^5 \ [\text{kcal/m}^3\text{h}]$ 이다.

② 적정 범위의 유지

연소실 열부하는 설계된 연소실 체적의 적절함을 판단하는 기준이 된다.

일반적으로 연소실 열부하가 너무 크면 노 내에 화염이 충만하고 온도가 높아져 노벽의 손상을 초래한다. 또한 노벽에서 화염의 급냉에 따른 검댕의 발생과 불완전연소가 우려된다. 반면 연소실 열부하가 너무 작은 경우 화염이 일부에만 존재하고 운전상황이 변화에 따른 연소실 온도 유지가 어렵다.

적절한 연소실 열부하는 주어진 연소실 형상과 화격자 연소율, 연소공기의 평균 온도 및 체류시간, 보일러의 안정 운전 등을 고려하여 결정되어야 한다. 연소실 열부하는 도시 고형 폐기물 기준으로 $6.0 \sim 15.0 \times 10^4$ kcal/m$^3$h로 한다.

# 5. 연소성능 기준

## (1) 우수 연소방안

연소성능을 결정하는 인자는 시간(Time), 온도(Temperature), 난류(Turbulence)로서 보통 3T라 한다. 폐기물의 연소과정에서 발생된 불완전연소 생성물의 분해를 위해서는 국부적으로 일정 온도 이상에서 강한 난류에 의해 산소와의 혼합이 이루어져 반응이 종료될 시간 이상으로 머물러야 한다. 일단 산소와 혼합되면 매우 짧은 시간 안에 분해될 수 있지만, 실제 소각로 내의 미시적인 연소상황은 매우 불균일하고, 측정이 거의 불가능하기 때문에 전체적인 연소상황을 대표할 수 있는 거시적인 혼합기준이 필요하다. 이 기준으로서 제시된 것이 폐기물관리법[4]에서 우수 연소방안으로 채택한 '소각시설의 연소실 출구온도 850℃와 2차 연소실 체류시간 2초 이상을 만족할 것' 두 가지이다. 우수 연소방안은 불완전연소 생성물의 발생을 억제하여, 결과적으로 다이옥신의 발생을 억제하는데 도움이 되는 것으로 인정되고 있다. 그러나 연소실 온도를 과도하게 높은 상태로 유지할 경우 질소산화물의 과다발생과 함께 화격자 및 내화물의 과열로 인한 수명단축 등이 우려되므로, 적정 연소실 온도를 유지하는 것이 바람직하다.

## ① 계산 기준

연소실 온도와 체류시간의 대상위치에 대한 기준은 2차 연소실이다. 연소가스 온도의 경우 2차 연소실 출구기준이며, 연소가스 체류시간 계산에 있어서 2차 연소실 체적은 그림 7.17과 같이 2차 공기 주입장치로부터 후벽(rear wall)의 연장선상에 있는 출구까지의 부피로 한다.

온도의 경우 연소실 출구에서 설계 시의 평균값과 운전 시의 측정값이 850℃ 이상이 유지되도록 설계 및 운전되어야 한다. 특히 저질의 폐기물인 경우 온도유지가 어려우므로 보조연료를 사용하여 이 기준을 만족시켜야 한다.

노 내 체류시간(Bulk Residence Time : $BTR$)은 연소가스의 유량을 식 7.3과 같이 온도 850℃로 환산하여 식 7.4로 구한다.

$$Q= Q^{'} \times \frac{T}{T^{'}} \tag{7.3}$$

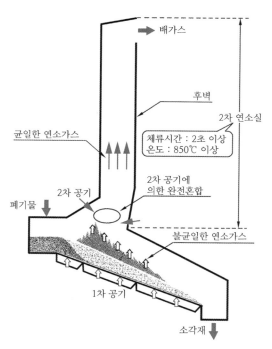

그림 7.17 **연소실에서의 우수 연소 개념도**

여기서 $Q$ : 기준 온도 보정된 유량[m³/s], $Q'$ : 연소가스 유량[m³/s], $T$ : 기준 온도[℃](즉, 850℃임), $T'$ : 연소가스 온도[℃]이다.

$$BRT = \frac{V}{Q} \tag{7.4}$$

여기서 $BRT$ : 노 내 체류시간[s], $V$ : 2차 연소실 체적[m³]이다.

따라서 양질의 폐기물일 경우 900℃로 설계되었다 하더라도 체류시간의 계산에는 850℃일 경우로 바꾸어 2초 이상이 만족되도록 해야 한다. 2차 연소용 공기 공급장치 후단에 보조버너가 장착되어 있는 경우는 이 보조버너 작동이 중지된 상태에서 출구온도 및 체류시간을 충족해야 한다.

**예제 7.2**

2차 연소실 체적 24 ㎥, 연소가스 발생량 36,500 Nm³/h, 연소가스 온도 900℃인 연소실의 노 내 체류시간은 얼마인가 ?

문제의 조건에서 $V = 24$[m³], $Q' = 36,500$[Nm³/h], $T' = 900$ [℃]이고 $T = 850$ [℃]이다. 우선 연소가스 발생량을 단위 환산하면 다음과 같다.

$$Q' \equiv \frac{36,500}{3600} = 10.14 \ [\text{Nm}^3/\text{s}]$$

유량($Q$)을 식 7.3에 의해 다음과 같이 온도보정한다.

$$Q = Q' \times \frac{T}{T'} = 10.14 \times \frac{850}{900} = 9.58 \ [\text{Nm}^3/\text{s}]$$

노 내 체류시간($BRT$)은 식 7.4에 의해 다음과 같이 구해진다.

$$BRT = \frac{V}{Q} = \frac{24}{9.58} = 2.5 \ [\text{s}]$$

## ② 2차 연소실이 기준이 되는 근거

실제 연소실에서 일어나는 연소현상은 매우 복잡하다. 온도뿐 아니라 연소가스의 조성과 여기에 포함된 미연분의 발생량도 상이하다. 미연분은 온도가 낮은 건조영역이나 국부적으로 산소가 충분하지 않은 연소영역에서 주로 발생된다. 일단 폐기물층을 빠져나간 연소가스는 혼합효과가 크지 않기 때문에 1차 연소실을 빠져나가 2차 연소실로 진입할 때까지 연소가스의 온도와 화학종 분포가 수평방향으로 거의 유지가 된다. 이때 2차 공기가 주입되면 연소가스의 혼합이 증진되고, 새로운 공기가 공급되면서 미연분의 연소나 오염물질의 분해과정이 활발하게 진행된다. 따라서 1차 연소실을 포함하여 연소실 전체에 대해 온도와 체류시간을 평가하는 것보다는, 2차 공기 공급시점부터로 국한하여 평가하는 것이 보다 신뢰할 수 있는 기준이 된다.

## ③ 연소실 출구온도와 2차 연소실 체류시간 만족의 필요성

폐기물의 특성이나 노 내의 유동상황은 시간에 따라 크게 변하기 때문에 일시적인 상황에서의 미시적인 반응속도는 큰 의미를 갖지 못한다. 따라서 다양한 상황변화에 관계없이 안정적인 연소성능을 보장할 수 있는 온도와 체류시간과 같은 거시적인 인자들이 필요하다.

온도의 경우 1차 연소실의 출구부분에서 2차 공기가 효과적으로 주입되면 상이한 분포를 가진 미연가스가 새로운 산소와 혼합되어, 2차 연소실 중반 이후에는 거의 일정한 온도분포를 가진다. 따라서 연소실 내에서 완전연소가 이루어질 때의 연소실 출구온도를 거시적 기준로 설정하는 것이 타당하다.

체류시간의 경우 연소실 내의 온도가 완전연소를 이룰 수 있는 온도 이상을 유지한 상태라 하더라도, 2차 연소실로 유입되는 미연가스가 2차 연소용 공기와 충분히 혼합될 수 없다면 완전한 연소를 이룰 수 없다. 즉, 미연분의 분해반응은 온도뿐만 아니라 반응속도를 제한하는 혼합의 정도에 따라서도 달라지게 된다. 따라서 완전연소를 이루기 위해서는 2차 연소실에서 미연가스와 2차 공기가 충분히 혼합될 수 있는 시간이 유지되어야 하므로, 2차 연소실의 체류시간이 연소성능을 보장하는 거시적 기준이 될 수 있다.

## (2) 연소가스의 온도 및 체류시간

### ① 연소가스의 온도

폐기물로부터 발생하는 연소가스의 평균온도는 폐기물의 발열량과 과잉 공기비, 배기 폐열흡수와 열손실 조건 등을 고려한 열 및 물질수지로부터 쉽게 구할 수 있다. 하지만 연소실 내의 실제 온도분포는 연소가스의 평균 온도와 매우 상이하다. 1차 연소실 내의 건조영역, 연소영역, 후연소영역 각 부위의 온도가 다르고, 2차 공기주입에 의한 혼합효과가 좋지 않은 경우 연소실 출구에서의 온도분포도 매우 다르게 나타날 수 있다. 1차 연소실 내의 온도분포는 연소실의 형상, 폐기물 내에 포함된 수분 및 가연분의 양과 성질 그리고 각 화격자단에 따른 1차 공기 주입량에 따라서 달라진다. 연소가스가 1차 연소실을 빠져나갈 때까지 온도분포는 국부적으로 차이가 있지만, 2차 공기가 효과적으로 주입되면 2차 연소실 중반 이후에는 거의 일정한 온도분포를 가지게 된다.

2차 연소실을 기준으로 제시된 연소실 출구온도 850℃ 이상은 대부분의 불완전연소물질이 짧은 시간 안에 열분해될 수 있는 온도, 특히 클로로벤젠이나 다이옥신 등 열분해속도가 매우 느린 물질도 1초 이내에 충분히 분해되거나 산소에 의해 산화될 수 있는 온도이다. 한편 연소실 온도가 800℃ 이하로 낮아지면 오염물질과 미연분의 파괴속도도 느려져 불완전연소가 우려될뿐 아니라 염화철, 알칼리철, 황산염 등의 분해에 의해 연소실벽의 부식이 일어나게 된다. 또한 1,000℃ 이상의 고온인 경우 노벽의 국부적인 과열에 의한 손상이 일어날 수 있으며, $NO_x$의 발생이 증가하게 된다. 따라서 연소실 평균온도를 850℃ 이상으로 유지하면서 국부적인 저온 또는 고온영역을 피하고, 균일한 온도분포를 유지할 수 있도록 설계 시에 이를 반영하거나, 운전 시에 화격자의 구동과 2차 공기를 통해 조절하는 것이 필요하다.

### ② 연소가스의 체류시간

• 체류시간 분포

2차 연소실에서 연소가스의 평균 체류시간은 열 및 물질수지로부터 계산된 연소가스의 양과 평균온도 그리고 연소실 체적으로부터 구할 수 있다(식 7.4 참조). 그러나 실제의 경우 체류시간의 값이 일정 범위로 분포되어 있으므로 하나의 값으로 나타낼 수 없다.

예를 들어, 예제 7.2와 같이 2차 연소실 체적 24 $m^3$, 연소가스 발생량 36,500 $Nm^3$/h, 연소가스 온도 900℃인 연소실의 경우 노 내 체류시간은 2.5초이다. 똑같은 연소실 체적과 연소가스 발생량 조건인 경우 평균 체류시간 값은 같게 되지만, 유동장의 형태에 따라 그림 7.18과 같은 차이가 있을 수 있다. 이상적인 경우는 2차 연소실 내의 국부 체류시간(local residence time)이 정규분포를 가지며 평균 체류시간이 분포 중심에 위치한다. 이는 1차 연소실에서는 화격자상의 출발 위치에 따라 약간의 차이를 보이지만, 2차 공기에 의해 잘 혼합되면서 균일한 속도분포를 가지고 2차 연소실에서 연소가 진행되기 때문이다. 비효율적인 경우 대부분의 연소가스는 2차 공기 흐름을 따라 또는 이와 분리되어 연소실을 2~3초 안에 빠져나가고, 재순환영역 등의 저속영역을 지나는 일부 연소가스가 4~5초 이후에 빠져나가게 된다.

따라서 설계범위의 체류시간에 대해 2초 이상의 평균 체류시간을 만족시키고, 설계의 최적화를 통하여 실제 국부 체류시간이 고르게 분포되도록 하여야 한다. 이를 위해서 설계과정에서 미리 실험과 전산유체해석(Computational Fluid Dynamics ; CFD) 등을 통해 연소실 형상과 2차 공기 주입방식의 최적화를 도모해야 한다.

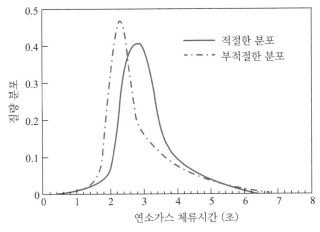

그림 7.18 2차 연소실에서의 연소가스 체류시간의 분포 형태

• 적절한 체류시간 분포의 달성

체류시간 분포에 가장 큰 영향을 미치는 것은 2차 공기의 주입방식이다. 2차 공기는 강한 제트의 형태로 주입되기 때문에 유속이 빨라서 2차 연소실뿐 아니라 1차 연소실에서의 유동 형태에도 큰 영향을 주게 된다. 2차 공기가 효과적으로 주입되는 경우 상이한 온도와 화학종을 가진 연소가스의 흐름이 완전 혼합될 수 있지만, 잘못 주입되는 경우 연소가스의 일부는 유속이 빠른 2차 공기 흐름을 따라 연소실을 빠져나가고, 미연분을 포함한 다른 연소가스는 2차 공기의 흐름과 분리되어 새로운 산소의 공급과 혼합 없이 연소실을 빠져나갈 수 있다.

재순환영역의 크기는 체류시간 분포를 결정하는 직접적인 원인의 하나이다. 연소실 내에 재순환영역이 존재하면 이 영역에 들어온 소량의 연소가스 체류시간은 매우 길어진다. 하지만 재순환영역이 출구로 빠져나가는 대부분의 연소가스가 차지하는 면적을 줄임으로써 연소가스의 유속을 더 빠르게 하여 체류시간이 짧아지게 된다. 그림 7.19는 두 가지의 대표적인 연소실 형상에 대해서 형성가능한 재순환영역의 위치를 나타내고 있다. 재순환영역을 줄이기 위해서는 적절한 위치에서 2차 공기가 주입되어야 한다. 잘못 설계된 2차 공기는 오히려 재순환영역의 크기를 더 크게 할 수 있으므로 주의가 필요하다. 따라서 2차 공기의 주입위치나 속도 등의 설계변수에 대한 최적화가 이루어져야 한다.

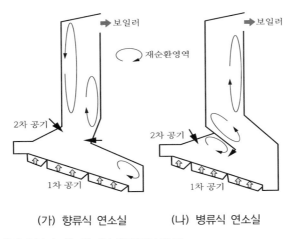

(가) 향류식 연소실　　(나) 병류식 연소실

그림 7.19 연소실 내에서 형성 가능한 재순환영역의 위치

## (3) 최적 연소의 유지와 달성

폐기물의 최적 연소를 위해서는 설계 및 건설과정과 운전과정에서 이에 대한 고려가 이루어져야 한다.

설계 및 건설과정에서는 첫째, 적절한 연소실 형상과 체적설계, 둘째, 2차 공기 설계 최적화, 셋째, 불균일한 온도, 유속, 공기분포 최소화, 넷째, 연소용 공기 공급장치의 충분한 용량 확보, 다섯째 주입 부위에 따른 유량 조절 기능이 포함되어야 한다.

운전과정에서는 첫째, 폐기물 투입과 연소공기 공급의 적절한 제어를 통한 안정적인 화염 형성, 둘째, 화격자 구동에 의한 폐기물 혼합 최대화, 셋째, 2차 공기의 적절한 공급, 넷째, 산소농도는 가능한 6~12% 유지, 다섯째, 연소실 온도 850℃ 이상 유지, 여섯째, CO의 일시적 증가를 최소화해야 한다.

## Chapter 08

# 슬러지 소각

슬러지(sludge)는 높은 고형물을 함유한 비뉴톤 유체이다. 슬러지 내의 고형물 입자의 크기는 상대적으로 큰 입자의 고형물을 함유하고 있는 슬러리(slurry)에 비해 매우 작다. 이 장에서는 슬러지 처분에 이용되는 소각장치에 대해 설명한다.

슬러지를 처리할 경우 소각은 다른 처리공정들에 비해 부피감소율이 우수한 장점을 가지고 있다. 특히 진공필터, 벨트필터, 원심분리기, 필터프레스 등과 같은 탈수장치를 함께 사용할 경우 더 효과적이다. 그러나 슬러지의 소각처리는 매립, 슬러지 라군(lagoon), 해양투기 등의 처분방법에 비해 고비용의 문제점이 있어 많이 이용되지 못하였다. 하지만 환경오염물의 증가와 매립의 한계성으로 인해 슬러지의 소각처리가 증가되고 있다.

슬러지 소각에 가장 큰 영향을 미치는 인자는 수분 함유량, 가연분과 비가연성 물질의 양 등이다. 수분 함유량은 슬러지 소각 시 소각로에 공급되는 열부하, 즉 보조 연료량과 관련되므로 중요하다. 가연분과 비가연성 물질은 슬러지의 발열량과 관련이 있는데, 이는 비가연물의 제거, 기계적 탈수 그리고 슬러지 소화 처리공정에 의해 다소 제어할 수 있다. 폐활성 슬러지나 유기 슬러지 중 대부분의 가연성분은 경탄화수소가 주성분인 휘발분이며 일부 고정탄소로 구성되어 있다.

슬러지 특성상 휘발분과 수분의 함량은 항상 큰 폭으로 달라질 수 있으므로 슬러지 소각로의 설계 시 이들 변화를 수용할 수 있도록 설계되어야 한다. 슬러지 소각을 위해 사용되는 대표적인 소각로는 다단 소각로(Multiple hearth incinerator), 유동층 소각로(Fluid bed incinerator), 전기 소각로(Electric furnace), 사이클론 소각로(Cyclone furnace), 수면상 소각로(Water grate incinerator), 로터리킬른 소각로(Rotary kiln incinerator) 등이 있다.

# 1 다단 소각로

다단 소각로는 현재 하수처리장에서 발생되는 슬러지의 소각처리를 위해 가장 많이 사용되는 소각로이다. 슬러지 소각을 위해 특별히 개발되었으며, 활성탄의 재생이나 탄산화 등 산업분야에서도 활용되고 있다.

다단 소각로는 약 50~80% 범위의 수분을 함유한 슬러지를 소각하는데 이용되며, 일반적으로 고형물질의 소각에는 사용되지 않고 있다. 다단 소각로는 보통 직경이 2~8 m이고 높이가 4~20 m인 범위에서 설계된다. 화상(hearth)의 단수는 폐기물의 주입과 공정에 따라 다소 차이는 있으나 일반적으로 5~12개이다. 소각로 연소로 내 폐기물의 체류시간은 교반용 써래의 패턴과 중심축의 회전속도에 따라 조절된다.

전형적인 다단 소각로의 형태를 그림 8.1에 나타내었다. 노 내부는 재질이 내화재인 원형화상이 여러 단으로 구성되어 있으며, 내화재로 된 원통형 내화벽에 각각 지지되어 있다.

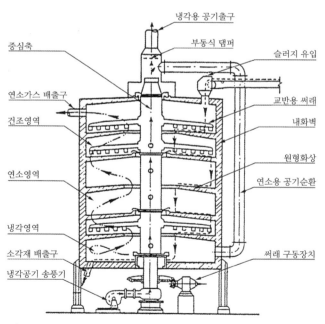

그림 8.1 다단 소각로

중심축은 노의 중심에 수직으로 위치하고 있는데, 교반봉 써래가 부착되어 있으며, 약 1 rpm의 속도로 천천히 회전한다. 노의 상부에서 주입된 슬러지는 위로부터 홀수 번째 단들은 중심축과 단 사이에 그리고 짝수 번째 단들은 노벽과 단 사이에 고리(annular) 모양으로 개방되어 있는 각 단(화상)에서 교반용 써래에 의해 각 단의 하부로 낙하되도록 되어 있다. 또한 교반용 써래는 슬러지를 교반함으로써 각 화상의 노 내에 흐르고 있는 가스 흐름에 새로운 슬러지 표면을 지속적으로 노출시키면서 건조와 연소과정이 효과적으로 진행되도록 한다.

소각로는 노 상부로부터 건조영역, 연소영역, 냉각영역으로 구분된다. 건조영역은 노 상부로부터 유입되는 수분이 함유된 슬러지가 고온의 연소 배기가스에 의해 건조되는 영역이다. 냉각된 배기가스는 노의 가장 위 화상에서 약 430~650℃로 배출된다. 연소영역은 건조된 슬러지가 연소되는 영역으로 온도가 약 930~980℃까지 도달한다. 냉각영역은 연소된 재가 냉각되는 영역으로 노의 하부에 위치한다.

연소용 공기는 관으로 되어있는 중심축 하부로부터 유입되어 축을 지나 각각의 교반용 써래에 공기를 배분해주고, 나머지는 냉각용 공기출구로 배출된다. 중심축과 교반용 써래를 지난 냉각공기는 110~230℃의 온도에 이른다. 또한 냉각용 공기는 종종 노 내부로 재순환되어 연소용 공기로 사용된다.

슬러지를 효과적으로 연소시키기 위해서는 공기량을 100~125%의 과잉공기로 충분히 공급되도록 하여 노 내의 전 영역에 걸쳐 공기가 잘 공급되도록 한다. 슬러지 소각으로 생성된 재의 약 10~20%가 연소가스와 함께 비산되어 배출되는데 집진장치에서 이것을 포집해야 한다. 이 분진은 부식성이 매우 강하므로 분진이 포함된 배출가스와 접촉하는 물질은 부식에 강한 내식성 재질로 설계되어야 한다. 또한 소각로 내의 연소가 완전히 진행되지 못할 경우 악취문제가 발생할 수 있으므로 후연소 장비의 설치가 요구된다.

다단 소각로는 하수 슬러지 또는 높은 수분을 함유한 저발열량 폐기물을 소각하도록 고안되었다. 따라서 설계 시 슬러지가 연소에 앞서 충분히 건조되도록 연소영역뿐만 아니라 건조영역에 대한 충분한 고려가 필요하다.

이 소각 시스템은 팬, 버너, 축 회전속도 그리고 폐기물 주입 장치 등 작동자의 제어에 의한 것과 완전연소 및 연소효율에 영향을 미치는 모든 것이 복잡하게 연관되어 있다. 따라서 최적의 소각을 위해서는 최대효율을 갖는 장치의 설계는 물론이고, 작동자가 장치의 특성을 이해하여 각각의 운전조건들을 적절하게 제어하는 것이 중요하다.

슬러지를 소각할 때 적어도 두 화상 위에서의 온도가 지속적으로 약 870℃ 정도로 유지되어야 하고, 발생가스의 온도는 430~760℃의 범위에 있어야 한다. 또한 중요하게 고려되어야 할 사항은 노의 출구에서 배기가스 온도는 연소실 내의 최대온도보다 200~320℃ 정도 낮아야 한다. 아울러 운전 시 노의 온도가 980℃를 넘지 않도록 해야 한다. 이 온도 이상이 되면 슬러지 재의 용융온도에 접근하게 되어 재클링커(clinker)가 생성될 것이다. 클링커와 슬래그(slag)의 형성은 낙하구멍을 막거나 교반용 써래의 움직임을 방해하여 시스템을 정지시키고, 연소로 내에 손상을 주는 등 새로운 문제를 발생시킨다.

재는 건조된 상태로 노 아래에 있는 소각재 배출구로 배출된다. 이 재는 포집하여 건조 처분하거나, 이것을 물과 혼합하여 습식 호퍼에 모아 라군으로 펌핑시킨 후 탈수와 최종 처분을 할 수 있다. 따라서 다단 소각로는 재를 처리하는데 있어 습한 상태나 건조된 상태로 다양하게 취급할 수 있다.

다단 소각로의 슬러지 공급은 상대적으로 간단하다. 슬러지는 펌프에 의해 공급관을 통해 노 상부로 공급되어 상부 화상 위로부터 순차적으로 하부 화상으로 중력에 의해 떨어지면서 연소과정을 거치게 된다. 스컴(scum)의 경우는 슬러지 공급에 첨가하지 않는다. 만약 스컴이 다단 소각로 내에서 소각되려면 스컴을 노즐에 의해 아래쪽의 화상(연소되는 화상)에 공급되어야 한다. 만약 스컴이 슬러지 공급과 함께 공급되면 슬러지에 비해 상대적으로 빨리 휘발되어 휘발 미연성분이 완전한 분해가 되기 위한 충분한 체류시간을 갖지 못하고 배출되게 된다. 따라서 이 경우 악취와 매연 등의 대기오염물 제어를 위해 후연소버너(after burner)가 필요하며, 이 버너는 가장 위의 화상에 설치하거나 별도의 분리된 장치로 설치할 수 있다. 건조 고체 폐기물 또는 고체연료는 다단 소각로에서 소각할 수 없다. 예외적으로 고형 폐기물이 노의 연소영역인 건조영역 아래로 공급되어 소각할 경우 가능할 수는 있다.

다단 소각로는 구조적으로 열손실이 많은 구조로 되어 있어 보조연료의 공급 없이 연소로 내에 연소 가능한 온도를 지속적으로 유지하기 곤란하다. 따라서 보조연료를 사용해야 하며 오일과 가스연료가 이용된다. 연소실 출구에서 배출가스 중의 산소농도를 지속적으로 측정하며, 산소농도는 6~10%가 되게 운전한다. 또한 고온의 유해가스가 외부로 누출되는 것을 방지하기 위해 항상 부압으로 운전한다.

## 2  유동층 소각로

유동층 소각로는 고형, 액상 및 기체폐기물의 소각에 모두 적용될 수 있는 소각로이다. 이 소각로는 하수슬러지 소각을 위해서 1962년경에 처음 사용하기 시작되었다.

그림 8.2는 슬러지 소각을 위한 유동층 소각로의 일례이다. 유동층 소각로는 유동매체를 지지하는 분배판(distributor)과 내화벽돌로 이루어진 원통형 연소로로 구성되어 있다.

유동화 공기는 속도가 0.6~0.9 m/s, 압력이 0.25~0.35 kgf/cm$^2$ 정도로 유지된 상태에서 상온 또는 예열되어 유동화 공기유입구를 통해 연소로 내로 유입된다. 이 공기는 유동매체를 지지하는 분배판을 통과하여 유동화 모래를 높은 난류에 의해 유동시킨다. 이 모래가 유동되는 층을 유동층이라 하며, 운전 시 약 700~760℃의 온도로 유지된다. 유동매체는 모래가 일반적으로 사용되지만 석회, 알루미나, 세라믹 등의 물질이 포함될 경우도 있다. 유동층은 비유동상태와 비교하여 유동했을 때 부피가 30~60%까지 증가된다.

일반적으로 고농도의 슬러지는 그림 8.2와 같이 유동화 모래 내부인 유동층으로 유입되고, 저농도의 슬러지는 유동층 상부에서 유입된다. 연소로 내로 공급된 슬러지는 고온의 유동매체와 접촉 열전달에 의해 건조가 원활하게 이루어져 슬러지 내 수분을 증발시키고, 아울러 효과적인 유동에 의해 슬러지의 표면과 공기와의 접촉이 최대가 되게 함으로써 최적 연소를 이룰 수 있다. 노 내의 유동화 모래는 열 보유능력이 우수하여 소각로 정지 시에도

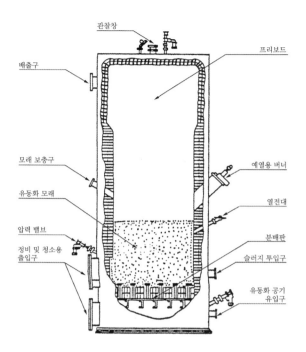

관찰창
배출구
프리보드
모래 보충구
예열용 버너
유동화 모래
열전대
압력 밸브
분배판
정비 및 청소용 출입구
슬러지 투입구
유동화 공기 유입구

그림 8.2 유동층 소각로

최소의 열손실을 유지할 수 있다. 따라서 하룻밤 정지 후 가동하더라도 바로 시동이 가능하다. 또한 1주일 정지 후 소각로를 가동해도 2~3시간의 예열로 시동이 가능하다. 일반적으로 유동화 모래의 온도는 슬러지가 주입되기 전에 적어도 650℃ 이상이 유지되어야 한다.

유동층 소각로의 경우 유동층에서 슬러지와 공기가 잘 혼합되기 때문에 과잉공기 요구량이 낮으며, 일반적으로 40% 정도이다. 연소로 내의 유동층 상부에 프리보드(freeboard)가 있는데, 이는 유동매체가 노 밖으로 배출되는 것을 억제하고 노 내에서 가스의 체류시간을 길게 유지되도록 한다. 따라서 프리보드에서의 온도를 820~870℃로 유지할 경우, 미연가스의 완전한 연소가 가능하여 악취제거를 이룰 수 있다.

보조연료는 시작과 재가열 그리고 슬러지 발열량의 부족, 소각동안 연소로 내의 적정 온도유지 등에 이용된다. 보조연료는 모래층 하부로 직접주입하던가 또는 모래층 상부에 무화하여 연소시킨다.

연소로 내의 체류시간은 유동층의 높이, 유동화 공기속도 그리고 유동층 위의 프리보드에 의해 결정되는데, 이 체류시간은 연소로에서 연소되고 있는 폐기물의 특성에 따라 선택된다.

유동층 소각로의 경우 폐기물 구성물에 민감하다. 특히 용해성의 알칼리나 인을 함유한 물질, 납 또는 낮은 용융점의 폐기물은 유동층을 용융 및 응결시켜 유동화를 억제시킨다.

유동층 소각로는 폐기물의 주입과 관계없이 유동층의 유동을 유지하기 위해서 최소한의 공기량을 필요로 한다. 유동공기 요구량은 노 내 가스의 속도가 기준이 된다. 즉, 유동층에서 설계 용량보다 적은 양의 폐기물이 주입될 지라도 유동층의 유동을 유지하기 위해 설계 시 요구되는 최소 공기량이 공급되어야 한다. 하지만 이 경우 공기량의 과다로 인해 최적의 연소조건을 유지하기는 어렵다.

유동층로에서 발생하는 재는 배기가스와 함께 배출되지만, 모래층 내에서 연소 시 발생되는 사암(grit)은 연소가스의 흐름에 동반되지 못하고 유동층에 함께 존재하므로 이 층의 지속적인 유동을 위하여 주기적으로 두드려주는 것이 필요하다.

슬러지의 비산재와 일부 미세 모래입자는 배기가스의 흐름과 함께 노 밖으로 배출된다. 따라서 배기가스 중 높은 분진부하를 제어할 수 있는 시설이 필요하다. 유동화 모래의 경우 소각로 운전 시 손실로 인하여 일반적으로 300시간 작동 시 모래층 부피의 약 5% 정도 보충해야 한다.

유동층 소각로의 폐기물 공급장치는 특히 주의가 필요하다. 대부분의 유동층 소각로는 대기압 이상으로 운전되기 때문에, 폐기물은 중력에 의한 공급은 적합치 않고 노에 강제로 주입되는 방식인 가압펌프나 스크류 공급기에 의해 주입된다.

## 3  전기 소각로

전기 소각로는 복사열 소각로(Radiant heat incinerator)라고도 하며, 그림 8.3과 같다. 이 소각로는 직사각형의 내화재 벽으로 구성된 연소실 내에 컨베이어벨트의 화상이 설치되어 있는 구조로 되어있다.

슬러지 탈수기에서 탈수된 슬러지 케이크(cake)는 저장탱크에 저장되어 계량공급장치에서 일정량으로 계량된 후, 연소실의 컨베이어벨트로 약 2.5 cm 정도 두께로 유지되면서 공급된다. 컨베이어벨트로 공급된 슬러지는 벨트에 실려 이송되면서 건조, 연소 및 후연소 과정을 거치고 소각재 배출관을 통해 소각재 저장조에 저장된다.

연소용 공기는 공기 예열기에 의해 배기 폐열을 회수하면서 가열되고 벨트 끝으로 주입된다. 또한 이 공기는 슬러지 이송방향과 향류로 주입되기 때문에 고온으로 연소되는 슬러지로부터 열을 얻는다. 연소용 공기는 20~30%의 과잉공기로 공급되며, 일부는 미연가스를 완전연소시키는 2차 연소실에서 연소용 공기로 이용된다.

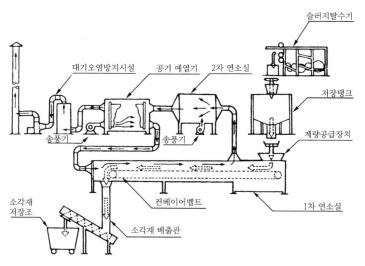

그림 8.3 전기 소각로

일반적으로 슬러지는 수분을 함유하고 발열량이 낮아 보조열의 공급이 필요한데, 노 내에 설치되어 있는 발열체에 의해 전기적으로 가열된다. 컨베이어벨트는 철사망처럼 짜여있는 매트 형태로 700~820℃ 정도의 노 내 온도를 견딜 수 있는 강철합금으로 되어있다. 연소실벽을 구성하는 내화재는 그림 8.4와 같이 벽돌이 아닌 세라믹 단열재이다. 이것은 열용량이 그리 높지 않으므로 초기 시동 시 상대적으로 저온시동이 가능하다.

전기 소각로의 경우 벨트로 공급된 슬러지가 기계적 교반 없이 일정 속도로 연소 과정을 거치기 때문에 비산되는 분진량이 적다. 따라서 사이클론 스크러버와 같은 적은 에너지로 운전이 가능한 세정기를 이용하며, 일부 분진과 배출가스를 청정하게 처리할 수 있다.

전기 소각로는 초기 시동과 젖은 슬러지를 지속적으로 연소시키기 위해 보조열원으로 전기가 필요하며, 전기생산 시 비용이 많이 드는 단점이 있다.

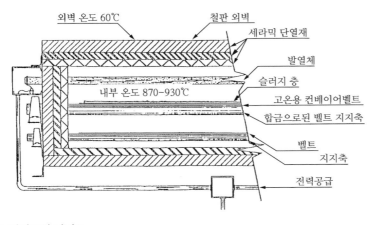

그림 8.4 **전기로의 단면도**

# 4 사이클론 소각로

사이클론 소각로는 그림 8.5와 같이 회전화상(Rotating hearth)이 회전하고, 교반용 써래가 연소실 벽면에 고정된 단일화상의 소각로이다. 슬러지는 써래에 의해 교반되어 화상 중심으로 이동하면서 연소가 진행된 후, 재로 되어 소각재 배출구로 배출된다.

사이클론 소각로는 돔지붕(domed top)의 형태를 가진 내화재 벽으로 구성된 원통형 모양을 가지고 있다. 연소용 공기는 보조연료에 의해 가열되어 연소로의 측벽에서 접선방향으로 주입된다. 따라서 연소로 내에서 강한 선회가 형성되어 슬러지와 공기와의 혼합이 촉진되고 연소성이 증대된다. 슬러지는 스크류 공급장치에 의해 연소로 내로 주입되며 회전화상의 주위로 공급된다. 일반적으로 사이클론 소각로는 소규모로서 1시간이면 정상운전 온도에 도달할 수 있고, 연소실 온도는 800~900℃ 상태로 운전한다.

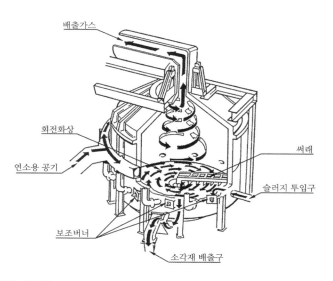

그림 8.5 사이클론 소각로

사이클론 소각로의 다른 형태로 수평식 노가 있는데, 그림 8.6과 같다. 슬러지는 슬러지 호퍼로 투입된 후 노의 벽면에서 접선방향으로 슬러지 펌프에 의해 연소기 내로 공급된다. 연소용 공기는 노 내에 와류를 형성하기 위해 역시 연소실 벽면에서 접선방향으로 주입된다. 소각재는 연소가스와 함께 배기구로 배출된다. 불완전 연소생성물은 와류나 소용돌이 형태로 배출되면서 완전연소가 진행된다. 이때 연소기 내의 온도는 약 800℃ 정도이며, 체류시간은 약 10초 이상이다. 수평식 노는 원통형의 내화재로 되어있으며, 그림 8.5의 수직로와는 달리 회전화상이나 써래는 없다.

사이클론 소각로는 비교적 장치가 간단하고 처리비용이 싸기 때문에 하루 7,600 m³ 이하의 하수처리장과 같이 비교적 소규모의 처리장에서 나오는 슬러지 처리에 적합하다.

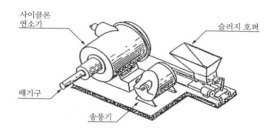

그림 8.6 수평식 사이클론 소각로

## 5 수면상 소각로

수면상 소각로는 스컴(scum)과 비중이 작은 그리스 또는 기름 등의 폐기물 소각을 위해서 개발되었다. 폐기물이 물에 의해 부상하여 수면상(water grate)에서 연소가 진행되는 형태로서, 그림 8.7에 나타내었다. 부상액으로는 일반적으로 물이 사용되지만, 폐기물 부상이 안될 경우에는 물보다 비중이 큰 액체인 소금물과 같은 것을 사용한다. 이 노는 수직원통형으로 부상액이 채워져 있는 부분을 제외하고 연소로의 내벽이 내화재로 구성되어 있다. 부

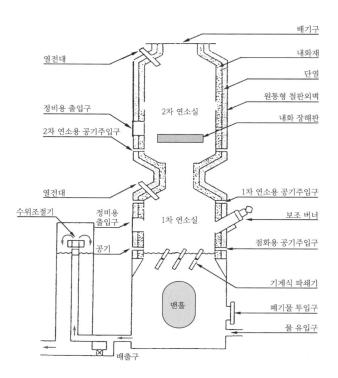

배기구
내화재
단열
원통형 철판외벽
내화 장해판
열전대
정비용 출입구
2차 연소실
2차 연소용 공기주입구
1차 연소용 공기주입구
보조 버너
열전대
점화용 공기주입구
수위조절기
정비용 출입구
1차 연소실
기계식 파쇄기
공기
폐기물 투입구
물 유입구
맨홀
배출구

그림 8.7 수면상 소각로

상액은 자동으로 일정 높이의 수면상을 유지할 수 있도록 수위조절기에 의
해 조절된다.

  폐기물은 스크류 컨베이어나 슬러지 펌프에 의해서 폐기물 투입구로 주입
되어 연소가 이루어지고 있는 수면상으로 부상한다. 수면상에서 연소 시 생
성되는 덩어리를 부수기 위해서 갈퀴모양의 회전체인 기계식 파쇄기가 모터
구동에 의해 약 1 rpm 정도의 속도로 회전한다. 이 파쇄기는 효율적인 연소
를 위해 폐기물이 새로운 면을 노출시킬 수 있도록 지속적으로 회전한다. 파
쇄기의 회전속도는 폐기물의 특성에 따라 감소 또는 증가시킬 수 있다.

  보조 버너는 초기에 온도를 높이거나 점화를 위해서 연소가 진행되는 수면상
위쪽인 1차 연소실에 장착되어 있다. 일반적으로 연소실의 온도는 820~870℃
정도이며 그리스, 기름, 스컴 등은 보조연료 필요 없이도 자체 열에 의해 충

분히 연소가 가능하다. 1차 연소실 하단부분에 있는 수면상은 폐기물의 분해를 효과적으로 증진시키는 좋은 내화재 역할을 한다.

점화용 공기와 1차 연소공기는 수면상 바로 위에 위치한 공기노즐을 통해서 1차 연소실로 공급되는데, 노벽에서 접선방향으로 공급되어 와류를 생성함으로써 혼합과 연소를 증진시킨다. 2차 연소공기는 내화 장해판 아래 2차 연소용 공기주입구로 공급되며 2차 연소실로 유입되는 미연가스를 완전연소시킨다.

내화 장해판은 난류에 의해 화염이 소화되는 것을 방지하기 위해 2차 연소실의 유입구 근처에 설치한다. 연소가스의 냉각과 세정을 위해서는 습식 세정기가 주로 이용되며, 이때 연소가스의 처리를 위해 필요한 압력은 소각 시스템에 포함된 통풍식 송풍기에 의해 주어진다.

## 6 로타리킬른 소각로

로타리킬른 소각로는 폐기물 소각처리를 위해 가장 널리 사용되는 소각로 중의 하나이다. 슬러지, 고형 폐기물, 액상 폐기물, 기체 폐기물 그리고 토양 오염의 처리 등의 소각 및 건조공정에 광범위하게 사용되고 있다. 로타리킬른 소각로는 수평식 원통형로로 되어 있으며, 내벽에 내화재로 둘러싸여 있고 보통 2~3% 미만의 경사를 갖도록 설계되었다.

그림 8.8은 로타리킬른 소각로의 일례로서 연소로가 회전함에 따라 노 내에 있는 폐기물은 공기와 접하면서 연소가 지속적으로 진행된다. 연소로의 회전속도는 다소 차이가 있으나 보통 0.25~1.5 rpm 정도이다. 폐기물의 체류시간은 노의 회전속도와 경사도 그리고 기타 물리적 변수들과 관계가 있다. 폐기물 평균 체류시간은 식 8.1과 같이 계산할 수 있다.

$$t = \frac{1.165\,L}{RDS} \tag{8.1}$$

여기서 $t$ : 폐기물 평균체류시간[min], $L$ : 노의 길이[m], $D$ : 노의 내부직경[m], $R$ : 노의 회전속도[rpm], $S$ : 노의 경사도[cm/m] (=노의 높이[cm]/노의 길이[m])이다.

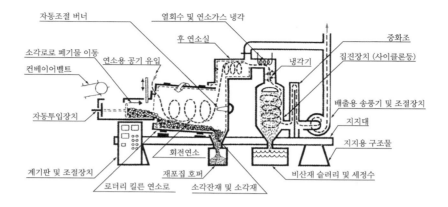

그림 8.8 로타리킬른 소각로

---

**예제 8.1**

연소로 직경이 4 m이고 길이가 12 m인 로타리킬른 소각로에서 슬러지 케이크를 소각하고자 한다. 연소로의 회전속도가 0.75 rpm이고 경사도를 1%로 한다면 슬러지 케이크의 평균 체류시간은 얼마인가?

문제의 조건에서 $D = 4[m]$, $L = 12[m]$, $R = 0.75[rpm]$이고, 경사도가 1%이므로 $S = 12 \times 0.01 = 0.12[cm/m]$이다. 따라서 식 8.1에 의해 슬러지 케이크의 평균 체류시간은 다음과 같이 구해진다.

$$t = \frac{1.165 \ L}{RDS} = \frac{1.165(12)}{(0.75)(4)(0.12)} = 38.7 \ [min]$$

폐기물은 컨베이어벨트에 의해 자동투입장치로 수송되어 연소로 안으로 자동 투입된다. 연소로가 회전함에 따라 폐기물이 교반되어 연소용 공기와 혼합되면서 연소가 진행된다. 연소 시 생성된 재는 연소로 끝에 있는 재포집호퍼로 포집된다. 초기 시동 시 연소조건을 유지하기 위해 보조연료가 필요하며, 연소로의 양쪽 끝에 달려 있는 버너로 연소시킨다. 그림 8.8에서는 연소로의 출구 쪽에만 버너가 설치되어 있는 경우이다.

액상 폐기물이나 기체 폐기물을 소각하는 경우 연소로의 입구 또는 출구 쪽에서 노즐로 분사 주입하는데, 대부분 연소로의 입구 쪽에서 분사시키는 방법이 사용되며, 경우에 따라서 후연소실에서 분사시키기도 한다. 슬러지, 슬러리 그리고 고체 폐기물의 연소 시 이들은 직접 연소실 내부로 투입되며, 폐기물의 종류에 따라 체류시간을 길게 하기 위하여 연소실의 경사도를 없게 하거나 오히려 출구 쪽의 높이를 높이기도 한다.

로타리킬른 소각로는 폐기물 소각에 따른 대기오염의 문제를 줄이기 위해 연소생성물을 연소로 내에서 용융 슬래그로 생성시키는 방법을 채택하고 있다. 따라서 연소로에서 생성된 재와 같은 연소생성물들이 바로 배출되지 않고 연소로 내에 잔류할 수 있도록 일정한 높이의 배출구를 설치하며, 연소로의 온도를 용융 슬래그가 생성될 수 있도록 높게 유지한다. 경우에 따라서 용융 슬래그 생성 온도를 낮추기 위해 첨가제를 사용하기도 하며, 용융재는 연소로 내에서 폐기물 연소 시 발생하는 많은 입자상 오염물질들을 포집하는 효과를 가지므로 배출되는 연소가스 중의 입자상 오염물질의 양을 크게 감소시킨다.

연소로의 회전과 폐기물의 이동에 따른 난류의 생성은 연소가스 중에 입자상 오염물의 부하를 크게 증가시키는 요인이 된다. 하지만 용융슬래그 연소로의 경우 입자상 오염물의 부하를 충분히 감소시킬 수 있다.

연소로의 내벽은 둥근 평면으로 되어 있으나 난류도를 크게 하기 위해 방해판 등을 설치하는 경우가 있다. 이 소각로에서 가장 문제가 되는 것은 연소로 출구 쪽에서의 기밀성인데, 회전하는 연소로와 고정장치와의 연결부분에서 누출이 잘 일어난다. 그림 8.9는 연소로의 대표적인 밀폐장치이다. 기밀을 유지하기 위해서는 T-링이 유연성과 내열성이 큰 재료로 만들어져야 하며, 손상 시 주기적으로 쉽게 교환할 수 있도록 해야 한다.

로타리킬른 소각로의 특징을 보면 다음과 같다. 장점으로 첫째, 폐기물의 소각속도 및 체류시간의 조절이 용의하고, 둘째, 소각 시 전처리가 크게 요구되지 않으며, 셋째, 여러 종류의 폐기물(고체, 액체, 슬러지 등)을 동시에 소각할 수 있고, 넷째, 각종 폐기물 투입장치(램, 스크류, 직접분사식 등)의 사용이 가능하다. 단점으로는 첫째, 연소가스 중 분진함량이 많고, 둘째, 휘발분을 완전연소하기 위한 후연소기가 필요하고, 셋째, 연소 시 혼합을 위해

과잉공기가 필요하고, 넷째, 구조적으로 연소로의 기밀 유지가 어렵고, 다섯째, 소각재 배출 시 열손실이 크다.

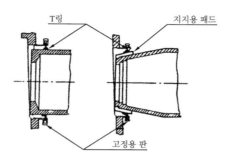

(a) 원통형          (b) 공기냉각식 태퍼형

그림 8.9 단일 부동형 공기밀폐식 연소로

## Chapter 09

# 액체 폐기물 소각

액체 폐기물은 하천, 지하수 그리고 토양오염의 주원인이 되어 점차 관심이 높아지게 되었으며, 이에 대한 처리방법도 다양하게 개발되고 있는 실정이다. 이 장에서는 액체 폐기물 처리방법 중의 하나인 소각기술에 대해 소개하고자 한다.

## 1 액체 폐기물의 성질

액체와 비액체의 경계는 쉽게 정의되지 않는다. 소각기 설계를 목적으로 할 경우, 만약 이것이 버너로 펌프에 의해 공급되거나 분무되어 무화된 상태로 연소가 가능하다면 액체로 간주된다. 일반적으로 점도가 $4.8 \times 10^5$ Pa·s 이하인 물질은 펌프에 의해 주입이 가능하다. 분무상태는 노즐의 형태에 따라 좌우되며, 점도가 $2.4 \times 10^5$ Pa·s 이하인 물질은 소각로에서 노즐을 통해 무화된 상태로 연소가 가능하다.

액체 폐기물 소각로의 선택과 설계에 있어서 점도를 제외한 다른 중요한 인자들은 다음과 같다.

- 발열량 : 액체 폐기물이 점화 후 연소열로 연소가 계속될 수 있는지 또는 보조연료가 필요한지 결정하는 인자이다.

- 수분량 : 액체 중 수분이 60% 이상일 경우 수용액 폐기물로 규정한다.

- 할로겐 함유량 : 액체 중 염소, 브롬 또는 불소와 같은 할로겐 화합물이 포함되어 있는 경우 소각로 제작 시 재질의 선택과 가스정화 시스템의 설계에 주의가 필요하다.

- 금속염 : 금속염 성분을 가진 폐기물의 소각 시에는 노 내에 염잔사의

생성과 내화제에 심한 부식을 야기시킨다.

- 황화물 : 폐기물 중 황은 산 부식을 일으키므로 노 내 재질의 선택과 배기가스 처리 시 주의해야 한다.

- 방향족 유기물 : 벤젠고리를 포함하는 물질로, 이 고리구조는 열적인 안정성 때문에 소각 시 분해가 어렵다.

## 2 폐기물의 주입

발열량이 높은 액체 폐기물은 초기 시동 시 저온의 소각로로 보조연료 없이 노즐을 통해 분사시켜도, 폐기물 자체가 연료의 역할을 하므로 연소분위기가 되는 온도로 충분히 올릴 수 있다.

수용액 폐기물이나 발열량이 낮은 폐기물은 화염의 밖으로 주입되고, 발열량이 높은 폐기물의 경우 직접 화염 속으로 분사되며, 완전연소되어 전 발열량을 모두 방출한다. 저발열량을 가진 폐기물이 화염 안으로 주입될 경우 화염이 냉각되어 온도가 낮아지므로 효과적인 연소를 이룰 수 없다. 따라서 액체 폐기물의 발열량이 화염의 온도를 낮추지 않을 정도로 충분히 높다면 화염 내로 주입될 수 있으며, 발열량이 최소 11,600 kJ/kg 이상이 되어야 한다.

액체 폐기물이나 보조연료를 노 내에 주입할 경우 화염이 노벽에 충돌하는 것을 피하도록 주의해야 한다. 노벽에 화염이 충돌할 경우 내화벽면의 온도가 과도하게 오르게 되어 수명을 단축시키고 미연탄소들이 벽면에 잔류하게 된다. 노벽에 미연분으로 남아있는 탄소의 발열량은 33,000 kJ/kg 이상으로, 이 양만큼 노의 열손실이 일어난다. 또한 이 잔류물층으로 인해 내화벽의 부식을 촉진한다.

## 3 액체 분사노즐

액체 폐기물은 연소가 일어나기 전에 휘발한 후 기체상태로 공기와 혼합되어 연소된다. 따라서 연소효율은 분무의 정도 또는 연료와 공기의 혼합과 관련이 있다. 액체 폐기물의 종류에 따른 효율적인 연소를 위해 다양한 형태의 노즐과 버너가 개발되고 있다.

## 1. 기계식 분무버너

기계식 분무버너는 현재 사용되고 있는 가장 일반적인 타입의 버너이다. 이 버너의 대표적인 형태를 그림 9.1에 나타내었다.

폐액은 펌프에 의해 50~100 kPa의 압력으로 공급되고 고정 오리피스를 통과하면서 강한 와류나 선회의 형태를 갖고 노즐에서 노 내로 분무된다. 연소용 공기는 원추형의 폐액 분사노즐 바깥 쪽으로 공급된다. 이 공기는 버너의 접선방향으로 유입되어 선회상태로 유입되는 연료와 함께 작용하여 효과적인 분무가 이루어진다.

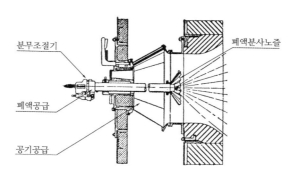

분무조절기
폐액분사노즐
폐액공급
공기공급

그림 9.1 **기계식 분무버너**

턴다운비(turndown ratio)는 보통 2.5 : 1~3.5 : 1이다. 하지만 그림 9.2와 같이 폐액의 일부를 재순환시키는 폐액 재순환 노즐을 사용할 경우 10 : 1까지 높일 수 있다. 기계식 분무버너의 가장 큰 단점은 액체 폐기물에 포함된 고형물로 인한 노즐의 막힘과 마모가 쉽게 일어난다는 것이다. 또한 화염은 길이가 짧고 덤블(bushy)과 같이 주위로 퍼져있는 형상을 하며, 화염의 연소밀도가 작아 연소속도가 느려지므로 비교적 큰 연소실 부피를 필요로 하게 된다. 이 버너는 용량이 40~400 L/h이고, 비교적 점도가 낮은 $4.8 \times 10^5$ Pa · s의 액체 폐기물에 적당하다.

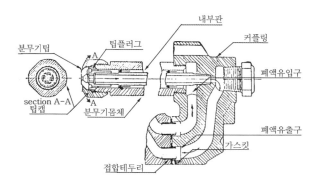

그림 9.2 기계식 분무 폐액 재순환 노즐

## 2. 회전컵식 버너

회전컵식 버너는 그림 9.3에서 나타낸 것과 같이 회전하는 컵에 연료가 공급되고 컵의 끝부분에서 원심력에 의해 방사형으로 컵을 이탈하면서 표면장력 효과에 의해 무화된다.

연소용 공기는 분무되기 전에 폐액과 혼합되지 않고 회전컵 바깥 쪽에서 고리(annular) 모양으로 공급된다. 폐액펌프, 회전컵 그리고 연소용 공기 송풍기 등은 모두 일반 모터에 의해 작동된다. 회전컵식 버너의 경우 연료를 분무하기 위한 연료의 압력은 비교적 낮다. 왜냐하면 분무가 연료의 압력에 의해서가 아니라, 회전컵의 회전과 연소용 공기의 주입에 의한 작용으로  일어나기 때문이다. 따라서 낮은 폐액의 압력과 비교적 직경이 큰 폐액 공급계통으로 인해, 폐액 내에 무게비로 20%까지의 비교적 큰 고체입자를 함유한 경우도 통과가 가능하다.

버너의 용량은 10 L/h의 작은 용량에서 950 L/h 큰 용량까지 규모가 다양하다. 턴다운비는 약 5 : 1이며, 점도가 $1.4×10^5$ Pa·s인 액체 폐기물까지 소각이 가능하다. 회전컵식 버너는 연소용 공기량에 민감하다. 공기량이 부족할 경우 노벽에 폐액의 충돌로 손실이 발생하고, 과잉 공기량은 화염이 꺼지는 현상이 일어날 수 있다.

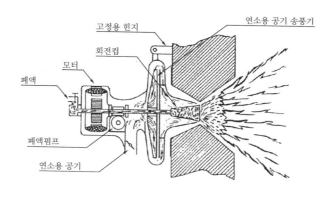

그림 9.3 회전컵식 버너

## 3. 외부혼합식 저압버너

그림 9.4의 외부혼합식 저압버너는 버너 팁(tip)에서 공기압력을 6.7~8 kPa이 되도록 유지하는 것이 중요하다. 분무용 공기는 외부에서 노즐로 주입되며, 강한 난류와 효과적인 분무를 위해 폐액의 흐름에 직접 주입된다. 폐액의 압력은 10 kPa 정도로 낮으며, 분무용 공기량은 폐액 1 L당 3~7.5 $m^3$로 분무압력이 증가할수록 감소한다. 2차 연소용 공기는 분무폐액 혼합기의 원주바깥으로 공급된다. 따라서 버너에 많은 양의 공기(분무용 공기와 2차 연소용 공기)가 적절히 공급되기 때문에 혼합이 빨리 이루어져 화염의 길이가

비교적 짧다. 이와 같이 화염의 길이가 짧은 경우 연소기의 부피를 작게 설계할 수 있어 경제적이다. 이 버너는 액체 폐기물의 점도가 보통 $9.6 \times 10^3 \sim 7.2 \times 10^4$ Pa · s이고, 폐액 내에 30%까지 고체입자가 함유되어도 운전이 가능하다.

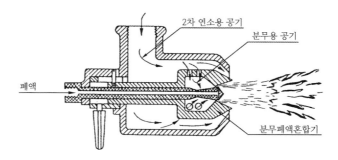

그림 9.4 **외부혼합식 저압버너**

## 4. 외부고압 2유체 버너

외부고압 2유체 버너는 공기 또는 수증기(또는 질소나 다른 불연성가스)를 노즐로부터 고압으로 분사되는 폐액의 흐름과 고속으로 충돌시키는 구조로 되어있다. 따라서 타르나 다른 비중이 큰 폐액도 효과적으로 분무된다. 대표적인 버너는 그림 9.5와 같다.

폐액을 분무시키기 위해 수증기를 사용할 경우 수증기량은 연료 1 L당 0.24~0.6 kg이 필요하며, 공기를 사용할 경우에는 연료 1 L당 0.37~1.5 $m^3$가 요구된다. 필요 분무압력은 200~1,050 kPa이며, 턴다운비는 3 : 1 ~ 4 : 1 범위이다.

이 버너의 경우 화염의 길이가 비교적 길어서 연소실의 부피도 대체적으로 커야 한다. 액체 폐기물의 점도는 7,200~$2.4 \times 10^5$ Pa · s 정도이고, 고형물이 폐액 내에 70%까지 함유된 것도 사용이 가능하다.

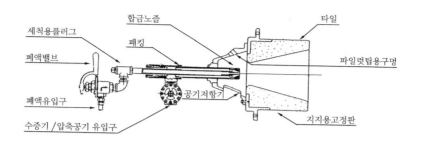

세척용플러그
합금노즐
타일
폐액밸브
패킹
파일럿팁용구멍
폐액유입구
공기저항기
수증기/압축공기 유입구
지지용고정판

그림 9.5  외부고압 2유체 버너

## 5. 내부 혼합식 노즐

내부 혼합식 노즐은 그림 9.6과 같이 공기 또는 수증기가 노즐 내로 들어가서 분사 전에 노즐 내로 공급되는 폐액과 혼합실에서 혼합된다. 분무용 공기는 200 kPa 미만의 압력으로 공급되고, 수증기는 보통 600~1,000 kPa로 공급된다. 턴다운비는 3 : 1~ 4 : 1 정도이다.

이 노즐은 폐액 중에 고체입자가 포함되는 경우에는 적합하지 않고, $1.4 \times 10^3$ Pa · s 이하로 점도가 낮은 액체 폐기물의 경우에만 사용이 가능하다. 따라서 이 노즐은 점도가 낮고 고상 입자가 거의 포함되지 않은 폐액에만 사용이 가능하지만, 다른 노즐에 비해 가격이 저렴하다는 장점이 있다.

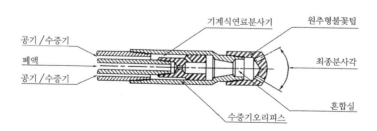

공기/수증기
기계식연료분사기
원추형불꽃팁
폐액
최종분사각
공기/수증기
혼합실
수증기오리피스

그림 9.6  내부 혼합식 노즐

## 6. 음파노즐

음파노즐은 압축된 공기나 수증기 등을 이용하여 연료의 흐름 중에 고주파의 음파를 생성시켜, 이 음파 에너지가 액체 흐름에 전단력을 가하여 작은 액적으로 만든다. 이 노즐은 비교적 지름이 크고, 큰 입자를 함유한 슬러지나 슬러리와 같이 고체입자 함량이 많은 액체 폐기물도 처리가 가능하다. 액체 폐기물의 분사를 위해 폐액에 약간의 압축이 필요하다. 미세입자 생성을 위한 고속 분사 시 분무형태에 대해서 아직 잘 정의되지 않고 있으나, 저속으로 분사 시 균일한 액적의 생성이 가능하다.

이 노즐은 낮은 턴다운비를 가져 조정하기가 힘들고, 운전 중에 소음이 매우 심하다. 전형적인 음파노즐의 예를 그림 9.7에 나타내었다.

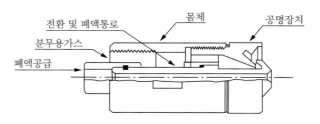

그림 9.7  음파노즐

## 4  액체 폐기물 소각로

소각로의 형식, 크기, 모양 등은 액체 폐기물의 특성, 버너의 형태, 공기의 공급방식 그리고 노벽의 형태에 따라 다르다. 앞에서 언급한 바와 같이 노벽에서 화염의 충돌이 일어나면 내화벽의 부식이 일어나고, 에너지의 손실이 초래되므로 충돌이 일어나지 않도록 설계되어야 한다. 화염의 충돌현상은 액체 폐기물의 분무와 기화상태에 따라 좌우되며, 노즐의 설계, 버너의 폐액 분출속도, 노 내 공기 공급 그리고 노 내 온도 등과는 무관하다. 액체 폐기물 소각로에서는 연소를 위해 5~30%의 과잉공기가 필요하다. 액체 폐기물의 연소 시 7.5×10⁴~112×10⁴ kJ/m³h 정도의 열이 발생한다. 이 소각로는 일반적으로 원통형이고 내화재로 내벽이 되어있으며, 노 내 흐름의 형태에 따라 비선회식과 선회식으로 구분된다. 선회식의 경우 일반적으로 볼텍스로(Vortex furnace)라고 한다.

## 1. 비선회식 수직로

비선회식 수직로는 그림 9.8과 같이 버너가 노벽이나 축방향으로 설치되어 있으며, 액체 폐기물이나 공기의 흐름에 소용돌이가 없다. 이 소각로는 제작비가 저렴하고 연소용 공기의 압력도 낮으므로 용량이 작은 송풍기로 공기의 공급이 가능하다. 열발생량은 3.7×10⁵~11.2×10⁵ kJ/m³h 정도이다.

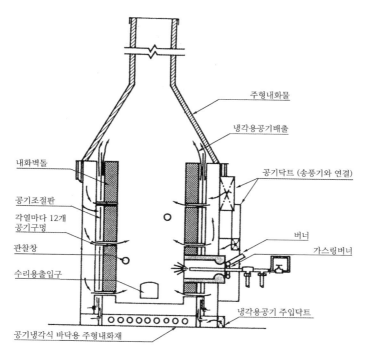

그림 9.8 비선회식 수직로

소각로의 열발생량, 열방출률 그리고 소각로 높이가 주어질 때, 연소실 내부직경은 다음과 같이 계산할 수 있다.

- 열발생량($Q$) : 10,000,000 [kJ/h]

- 소각로 열방출률($F$) : 20,000 [kJ/m$^3$h]

- 연소실 높이($L$) : 8 [m]

- 연소실 용적($V$) : $V = \dfrac{Q}{F} = \dfrac{10,000,000}{20,000} = 500$ [m$^3$]

- 연소실 내부직경($D$) : $V = \dfrac{\pi}{4} D^2 L$

$$\therefore \ D = \left(\frac{4V}{\pi L}\right)^{\frac{1}{2}} = \left(\frac{4 \times 500}{\pi \times 8}\right)^{\frac{1}{2}} = 8.92 \ [\text{m}]$$

이 소각로는 노 내부에 약간의 빈 공간이 필요한데 내화재로 피복된 방해판들이 가스의 흐름방향을 바꾸기 위해서이다. 공기주입장치를 연소실벽에 설치할 경우도 있는데, 이는 압축공기를 노 내로 주입시켜서 노 내의 높은 난류강도를 일으키기 위해서이다. 연소실 내에서 증가된 난류는 연소율을 향상시켜 소각률이 증가되게 하며, 아울러 연소실 열발생률을 증가시킬 것이다.

## 2. 볼텍스로

볼텍스로는 그림 9.9에 나타내었다. 이 노는 연소실에서 연소 시 와류나 선회류를 생성시킨다. 연소용 공기도 난류를 형성하기 위해 접선방향으로 노 내에 주입된다. 연소실 내의 강한 난류로 인해 $1.5 \times 10^6 \sim 3.7 \times 10^6$ kJ/m$^3$h 정도의 열이 발생된다.

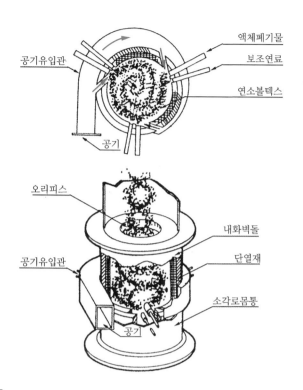

공기유입관

액체폐기물
보조연료
연소볼텍스

공기

오리피스

공기유입관

내화벽돌
단열재

소각로몸통

공기

그림 9.9 **볼텍스로**

소각로의 열발생량, 열방출률 그리고 소각로 높이가 주어질 때, 연소실 내부직경은 다음과 같이 계산할 수 있다.

- 열발생량($Q$) : $10,000,000$ [kJ/h]

- 소각로 열방출률($F$) : $60,000$ [kJ/m$^3$h]

- 연소실 높이($L$) : $8$ [m]

- 연소실 용적($V$) : $V = \dfrac{Q}{F} = \dfrac{10,000,000}{60,000} = 167$ [m$^3$]

- 연소실 내부직경($D$) : $V = \dfrac{\pi}{4} D^2 L$

$$\therefore D = \left(\frac{4V}{\pi L}\right)^{\frac{1}{2}} = \left(\frac{4 \times 167}{\pi \times 8}\right)^{\frac{1}{2}} = 5.2 \ [\text{m}]$$

결과적으로 비선회식 수직로와 볼텍스로의 크기를 비교하면, 동일한 연소실의 길이일 때 직경이 비선회식 수직로의 경우 8.92 m인 반면, 볼텍스로의 경우 5.2 m로 약 40% 정도 볼텍스로가 더 작다.

볼텍스로의 설계는 비선회식 수직로의 경우보다 더 복잡하고, 고압송풍기가 필요하다. 그러나 작은 연소실 때문에 훨씬 적은 제작비용이 드는 장점이 있다.

## Chapter 10

# 저공해 폐기물 소각

## 1 소각로와 공해물질

폐기물의 처리는 크게 소각 및 열분해에 의한 체적 감소, 매립, 연료화, 자원화, 퇴비화, 사료화 등의 처리로 구분할 수 있다. 그 가운데 소각은 폐기물의 부피를 최소 95%까지 줄일 수 있으며, 폐기물 1 kg당 1,000~2,000 kcal 정도의 열량을 이용하여 난방, 발전 등으로 활용할 수 있어 유익한 방안으로 간주되고 있다. 그러나 소각에 의한 폐기물처리는 여러 가지 공해문제를 수반하게 된다. 이들 공해는 그림 10.1에 나타낸 것과 같이 소각, 즉 연소결과 발생하는 2차 공해물질과 후처리 등에서 발생하는 오염물 그리고 악취, 소음, 진동 등과 같은 처리 시설 운전과정에서 수반되는 공해로 구분될 수 있다.

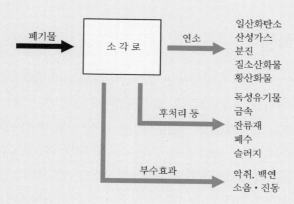

그림 10.1 **소각과 공해**

폐기물을 안정적으로 처리하기 위한 소각과정에서 발생하는 2차 공해물질은 크게 입자상 물질과 가스상 물질로 분류되며, 배출되는 양은 폐기물의 조성, 소각 방법, 연소장치의 구조 그리고 소각로의 종류에 따라 다르다. 표 10.1에 소각 시 발생할 수 있는 공해물질의 종류를 나타내었다. 입자상 물질 중에서 문제가 되는 것은 배가스에 포함된 비산재이며, 이것에 포함되어 있는 중금속류(As, Be, Cd, Pb, Hg, Ni 등)와 독성 유기물질 등이 있다. 가스상 물질은 산성가스($HCl$, $SO_2$, $HF$, $H_2SO_4$ 등), 질소산화물, 일산화탄소와 같은 불완전 연소 생성물 그리고 할로겐 화합물 등인데, 특히 PVC, 플라스틱과 같은 염소계 고분자 폐기물을 소각할 때에는 염소가스가 다량 발생되며, 이와 함께 독성 유기물도 발생시킬 가능성이 있다.

표 10.1 소각 시스템에서 발생되는 대기오염물

| | 분진 | 비산재 |
|---|---|---|
| 입자상 물질 | 중금속 | As, Be, Cd, Pb, Hg, Ni 등 |
| | 독성 유기물 | 비산재에 응축된 다이옥신, 퓨란 등 |
| 가스상 물질 | 산성가스 | $HCl$, $SO_2$, $HF$, $H_2SO_4$ 등 |
| | 질소산화물 | NO, $NO_2$ 등 |
| | 독성 유기물 | 다이옥신, 퓨란 등 |
| | 불완전 연소 생성물 | CO, 각종 탄화수소(THC) |

# 1. 질소산화물

폐기물 소각로에서 발생하는 질소산화물($NO_x$)의 배출량은 장치의 종류에 따라 큰 영향을 받지 않는다. 연소과정에서 생성되는 $NO_x$는 열적(thermal) $NO_x$와 연료(fuel) $NO_x$로 구분된다. 두 가지 생성 매커니즘은 과잉 공기량, 소각 대상 폐기물의 질소 함유 성분, 소각로 내의 연소온도와 상관성이 있다. 열적 $NO_x$는 질소와 산소의 고온반응에 의하여 생성된다. 생성반응은 온도에 매우 민감하며, 고온이 될수록 공기 중의 질소가 산화되어 일산화질소(NO)의 생성량이 급격히 늘어난다. 질소산화물 중 대기오염에 영향을 미치는 것은 NO와 이산화질소($NO_2$)인데, $NO_2$는 NO에 비해 아주 소량으로 배출되며 연소 배출가스의 $NO_x$ 중 90~95%가 NO이다.

연소로 내에서 $NO_x$의 발생을 억제하기 위한 방법으로 연소로 내 제어기술(In-Furnace Technology; IFT)인 단계연소(staged combustion) 등의 방법이 있다. 또한 연소로에서 배출되는 질소산화물을 저감하는 후처리 기술(After Treatment Technology; ATT)인 탈초반응장치 등도 필요한 경우에 사용하고 있다. 일반적으로 질소산화물의 발생을 억제시키기 위해서는 낮은 산소농도와 낮은 온도로 연소시키는 것이 바람직하다. 그러나 이 방법은 고온 완전소각을 목표로 하는 소각로의 연소기술에서는 CO, PCDD/PCDF의 발생을 증가시킬 우려가 있다.

실질적으로 고온 연소에서 발생하는 열적 $NO_x$는 온도 1,500 K 이상부터 현저하게 늘어난다. 그러나 소각 연소실에서는 거의 대부분이 이보다 낮은 온도이므로 열적 $NO_x$의 발생은 거의 무시할만한 수준이 된다. 하지만 폐기물 중에 질소성분이 함유되어 있어 연료 $NO_x$의 발생이 문제가 되므로 이에 대한 저감대책이 요구된다.

## 2. 분진과 금속류

폐기물 소각로에서 발생하는 분진은 폐기물에 포함되어 있는 미세한 분진이 연소가스와 함께 연소실을 빠져나온 것, 화격자 바닥에서 휘발분의 형태로 기화된 후 저온 후류 부위에서 재응축된 것 그리고 미연 고체 탄소성분인 검댕(soot) 등으로 구성되어 있다.

폐기물을 완전연소시키면 유입 질량의 5~10% 정도의 미연성분이 재의 형태로 남게 된다. 재는 흔히 바닥재(bottom ash)라고 하는 소각로 연소실 바닥에 남아 떨어지는 것과 연소가스와 섞여서 연소실을 빠져나가는 비산재(fly ash)로 구분된다. 바닥재는 고온의 연소실에서 충분히 산화되기 때문에 추가적인 문제를 일으키는 공해 대상물은 아니다. 그러나 재는 소각 시 2차 부산물로서 매립을 하던가 용융에 의한 유리화 또는 건축자재와 도로 포장재로 재활용한다. 비산재는 굴뚝으로 바로 빠져나갈 경우 주변 환경에 악영향을 미치므로 여러 가지 집진시설에 의해서 포집되어 처리된다. 소각시설에서 비산재가 특별히 관심의 대상이 되는 이유는 금속류와 다이옥신이 다량 함유될 수 있기 때문이다.

　표 10.2에 도시 폐기물 소각로의 연소 후 발생하는 금속류의 발생 농도 범위와 평균치를 보여 주고 있다. 이들 금속류는 흔히 Na, K 등의 알칼리 금속과 중금속으로 구분될 수 있다. 알칼리 금속은 연소로 또는 보일러 내에서 재응축할 수 있으며, 이와 관련하여 클링커(clinker) 형성 또는 슬래깅(slagging)과 파울링(fouling) 등을 유발할 수 있는 가능성이 매우 높다. 중금속은 미량이지만 건강에 해를 끼칠 수 있는 가능성이 있기 때문에 검토 대상이 되고 있다.

표 10.2 도시 폐기물 연소 후 발생되는 금속류의 농도[1]

| 금속원소 | 평균농도 | 농도범위 | 금속원소 | 평균농도 | 농도범위 |
|---|---|---|---|---|---|
| Ag | 3 | <3~7 | K | 1,300 | 920~1,900 |
| Al | 9,000 | 5,400~12,000 | Li | 2 | <2~7 |
| Ba | 170 | 47~450 | Mg | 1,600 | 880~7,400 |
| Ca | 9,800 | 5,900~17,000 | Mn | 130 | 50~7,400 |
| Cd | 9 | 2~22 | Na | 4,500 | 1,800~7,400 |
| Co | 3 | <3~5 | Ni | 22 | 9~90 |
| Cr | 55 | 20~100 | Pb | 330 | 110~1,500 |
| Cu | 350 | 80~900 | Sb | 45 | 20~40 |
| Fe | 2,300 | 1,000~3,500 | Sn | 20 | <20~40 |
| Hg | 1.2 | 0.66~1.9 | Zn | 780 | 200~2,500 |

주 : [1] 농도단위는 ppm임

# 3. 산성가스

　소각 시 주로 발생되는 산성가스는 HCl, $SO_2$, HF, $H_2SO_4$ 등이다. 이들 화학종의 배출은 공급된 폐기물 내의 황, 염소 그리고 불소의 양에 따라 좌우된다. 예를 들면, 도시 폐기물에는 평균적으로 0.12%의 유황 성분을 함유하고 있는데, 그 가운데서 30~60%는 $SO_2$로 변환된다. 염소는 약 50% 정도가 HCl로 변환된 상태로 배출된다. 이들 가스의 제어 방법은 건식, 반건식 또는 알칼리 수용액의 분사에 의한 습식 스크러버 등이 있다.

# 4. 다이옥신과 퓨란류

## (1) 다이옥신과 퓨란의 특성

다이옥신류란 Polychlorinated dibenzo-p-dioxins(이하 PCDDs라 칭함)와 Polychlorinated dibenzofurans(이하 PCDFs라 칭함)를 총체적으로 말한다. 다이옥신류들은 도시 폐기물 소각시설, 제강 및 금속 정련 산업 공정, 자동차의 배기가스, 종이 및 펄프 산업에서의 염소 표백공정 그리고 폴리염화비닐(Polyvinyl chloride; PVC), 염화페놀(Chlorophenols; CP), 폴리염화비페닐(Polychlorobiphenyl; PCB), 농약 등의 화학 공업제조 공정 중에서 널리 발생한다. 특히 폐기물 소각 시에도 폐기물 속에 함유된 다이옥신류들이 연소되지 않고 그대로 대기 중으로 배출되는 경우, PVC 또는 플라스틱류 등이 연소될 때 발생되는 염화벤젠, 염화페놀 등에 의해서 노 내에서 형성되는 경우 그리고 전기 집진기 주위 등과 같이 후처리(after treatment) 설비 및 배출되는 과정에서 재생성되는 경우 등이 있다.

다이옥신은 염소수와 치환 위치에 따라 75종의 동족체가 존재하며, 이들 가운데 2, 3, 7, 8 위치에 염소가 치환된 이성체의 독성이 가장 강하다. 동일한 성질을 갖는 화합물로서 퓨란이 있는데, 염소수 및 치환 위치에 의해 135종의 동족체가 있다. 동족체는 표 10.3에 나타내었다. 다이옥신과 퓨란은 하

표 10.3 PCDD과 PCDF 동족체

| Cl 수 | PCDD | | | PCDF | | |
|---|---|---|---|---|---|---|
| | 분자식 | 분자량 | 이성체수 | 분자식 | 분자량 | 이성체수 |
| 1 | $C_{12}H_7Cl_1O_2$ | 218 | 2 | $C_{12}H_7Cl_1O$ | 202 | 4 |
| 2 | $C_{12}H_6Cl_2O_2$ | 252 | 10 | $C_{12}H_6Cl_2O$ | 236 | 16 |
| 3 | $C_{12}H_5Cl_3O_2$ | 286 | 14 | $C_{12}H_5Cl_3O$ | 270 | 28 |
| 4 | $C_{12}H_4Cl_4O_2$ | 320 | 22 | $C_{12}H_4Cl_4O$ | 304 | 38 |
| 5 | $C_{12}H_3Cl_5O_2$ | 354 | 14 | $C_{12}H_3Cl_5O$ | 338 | 28 |
| 6 | $C_{12}H_2Cl_6O_2$ | 388 | 10 | $C_{12}H_2Cl_6O$ | 372 | 16 |
| 7 | $C_{12}H_1Cl_7O_2$ | 422 | 2 | $C_{12}H_1Cl_7O$ | 406 | 4 |
| 8 | $C_{12}Cl_8O_2$ | 456 | 1 | $C_{12}Cl_8O$ | 440 | 1 |

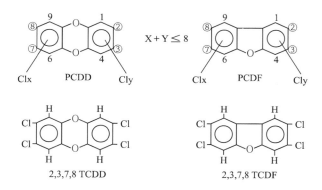

그림 10.2 다이옥신과 퓨란의 구조

나 혹은 두 개의 산소 원자와 1~8개의 염소 원자가 결합된 두 개의 밴젠 고리를 포함하고 있다. 각각의 화합물은 그림 10.2의 구조식을 갖는다. 이들은 서로 화학적 구조가 비슷하며 녹는점이 비교적 높고 상온에서 고체이며, 물에는 거의 녹지 않는 등 화학적 성질이 비슷하다. 분석을 위한 표준 시료 제조나 독성 실험을 위한 경우를 제외하고는 인위적인 용도가 없기 때문에 일부러 만들지는 않지만, 여러 산업 공정에서 부산물로 만들어진다.

다이옥신과 퓨란의 여러 동족체들의 독성이 모두 일정하지 않으므로 이들 화합물의 독성을 통일하여 계산하기 위한 방법으로, 가장 독성이 강한 2,3,7,8-TCDD를 기준으로 다른 이성체의 독성을 상대적으로 평가하는 방법이 있다. 이것을 독성 등가 환산 당량(TEQ)이라 하고, 각 물질의 양을 동일한 작용을 갖는 TCDD의 양으로 환산하는 것으로, 이 환산 계수를 등가 독성 계수(Toxic Equilvalence Factor; TEF)라 부른다. 예를 들어, TCDD 독성의 반을 갖는 물질은 TEF = 0.5이고 TEQ는 TEF와 실제 함유량의 곱으로 나타낸다. 그러므로 실제 배가스 중의 PCDD와 PCDF 양은 2,3,7,8-TCDD TEQ보다 항상 크다. 다이옥신과 퓨란류에 대한 TEF를 표 10.4에 나타내었다.

소각로에서 검출되는 다이옥신과 퓨란류의 분석 결과를 보면 여러 종류의 다이옥신과 퓨란류가 혼합된 상태로 존재함을 알 수 있는데, 앞에서 언급한 바와 같이 독성 차이 때문에 이들이 얼마나 위해한지를 평가하기 위해서는 이들의 개별적인 양을 측정해야 한다.

표 10.4 다이옥신과 퓨란류의 등가독성계수

| 약칭 | 명칭 | 등가독성계수 |
|---|---|---|
| 2,3,7,8,-TCDD | Tetrachlorodibenzodioxin | 1 |
| 1,2,3,3,8-PeCDD | Pentachlorodilbenzodioxin | 0.5 |
| 1,2,3,4,7,8-HxCDD | Hexachlorodilbenzodioxin | 0.1 |
| 1,2,3,7,8,9-HxCDD | Hexachlorodilbenzodioxin | 0.1 |
| 1,2,3,6,7,8-HxCDD | Hexachlorodilbenzodioxin | 0.1 |
| 1,2,3,4,6,7,8-HpCDD | Heptachlorodilbenzodioxin | 0.01 |
| 1,2,3,4,5,6,7,8-OCDD | Octachlorodilbenzodioxin | 0.001 |
| 2,3,7,8-TCDF | Tetrachlorodilbenzodioxin | 0.1 |
| 2,3,4,7,8-PeCDF | Pentachlorodilbenzodioxin | 0.5 |
| 1,2,3,7,8-PeCDF | Pentachlorodilbenzodioxin | 0.05 |
| 1,2,3,4,7,8-HxCDF | Hexachlorodilbenzodioxin | 0.1 |
| 1,2,3,7,8,9-HxCDF | Hexachlorodilbenzodioxin | 0.1 |
| 1,2,3,6,7,8-HxCDF | Hexachlorodilbenzodioxin | 0.1 |
| 2,3,4,6,7,8-HxCDF | Hexachlorodilbenzodioxin | 0.1 |
| 1,2,3,4,6,7,8-HpCDF | Heptachlorodilbenzodioxin | 0.01 |
| 1,2,3,4,7,8,9-HpCDF | Heptachlorodilbenzodioxin | 0.01 |
| 1,2,3,4,5,6,7,8-OCDF | Octachlorodilbenzodioxin | 0.001 |
| others | – | 0 |

## (2) 다이옥신과 퓨란의 생성 및 분해 메커니즘

다이옥신과 퓨란의 발생 경로는 소각 시 연소로 내에서와 대기오염 방지 설비에서 주로 발생된다. PCDD/PCDF의 생성 기구를 그림 10.3에 나타내었으며 다음과 같이 요약할 수 있다.

① 투입 폐기물에 존재하던 PCDD/PCDF가 연소 시 분해되지 않고 배가스 중으로 배출된다.

② 염화벤젠과 염화페놀(CP) 그리고 폴리염화비페닐(PCB) 등 비슷한 화학 구조를 갖는 전구물질(precursors)들이 이미 폐기물 속에 포함되어 존재하거나 소각 시 형성되어 이들의 반응에 의해 형성된다. 이 반응은 산소가 희박한 상태에서 열분해에 의하여 중간매(intermediates)가 많이 생성되므로 산소 농도와 깊은 관계가 있다.

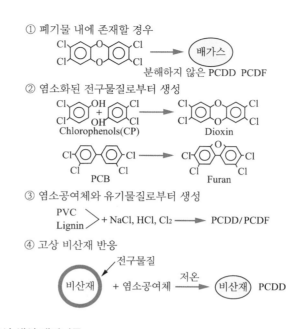

① 폐기물 내에 존재할 경우

분해하지 않은 PCDD PCDF → 배가스

② 염소화된 전구물질로부터 생성

Chlorophenols(CP) → Dioxin

PCB → Furan

③ 염소공여체와 유기물질로부터 생성

PVC Lignin + NaCl, HCl, Cl₂ ⟶ PCDD/PCDF

④ 고상 비산재 반응

비산재 + 염소공여체 전구물질 저온 → 비산재 PCDD

그림 10.3 **다이옥신 생성 메커니즘**

③ 다이옥신과 퓨란류와 화학적 구조가 같지 않은 PVC, 목질소(lignin) 등의
유기물들이 염소 공여체(chlorine donor)와 반응하여 형성시킨다.

④ 저온에서 촉매화반응에 의해 분진과 결합하여 형성된다. 즉, 300℃를 전
후해서 비산재와 촉매반응(이것을 De Novo Synthesis라고 함)에 의해 형
성된다.

PCDD/PCDF는 비교적 낮은 온도에서 열분해되어 파괴되고, 벤젠은 더 높
은 온도에서 분해가 일어난다. 벤젠의 경우 800℃에서 99.9% 이상이 파괴되
는 것으로 알려져 있다. 따라서 800℃ 이상에서는 거의 모든 PCDD/ PCDF
또는 그 생성 가능 물질들이 분해된다는 것을 알 수 있다. 또한 화학반응의
두 가지 인자인 온도 및 반응 시간의 관점에서 본다면 온도가 체류시간보다
PCDD/PCDF를 열분해시키는데 더욱 중요하다고 알려져 있다.

PCDD/PCDF를 효과적으로 제어하기 위해서는 폐기물 속에 존재하거나
중간매에 의해 형성된 PCDD/PCDF를 고온의 연소지역에서 분해시켜야 한
다. 즉, 노 내에서 PCDD/PCDF와 잠재적인 중간매를 파괴시키기 위해서는
충분히 높은 온도를 유지하도록 해야 한다. 다른 방법은 연도가스(flue gas)

로 PCDD/PCDF를 제거하는 것이다. PCDD/PCDF는 연도가스 온도에서 응축하기 때문에 분진에 부착시켜 제거하는 방법도 매우 효과적일 수 있다.

## 2 공해 배출 저감 대책

### 1. 저감 대책 개요

소각로에서 배출되는 공해물질을 억제하는 기술은 독성 물질의 생성 및 분해 메커니즘의 이해를 바탕으로 이루어져야 한다. 이들에 대한 검토로부터 제시된 생성 억제 및 제거에 의한 저감 방안은 사전분리, 연소제어에 의한 생성억제 그리고 후처리 설비에 의한 제거로 구분된다. 세 가지 방법의 개략도를 그림 10.4에 나타내었다.

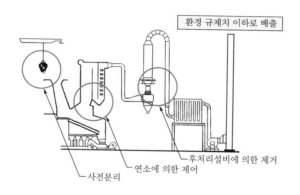

그림 10.4 소각로의 저공해 방안 개념도

첫째, 사전분리란 소각 대상이 되는 폐기물의 조성을 분석하여 연소 후 발생하는 유해물질과의 관계성을 검토한 후, 주원인이 될 수 있는 폐기물을 분리시키는 것을 말한다. 이 과정에서 농약 등을 포함하여 기존의 주위 환경에 퍼져있는 독성물질이 폐기물로 반입되는 것을 억제하도록 한다. 또한 비닐, 플라스틱 등 불완전한 소각으로 공해물질이 발생할 소지가 있는 물질을 사전에 분리 · 처리하는 것이다.

둘째, 연소에 의한 제어는 폐기물이 연소되고 있는 소각로 내에서 오염물질의 생성을 억제하고, 이미 생성된 물질은 분해시키는 조건을 제공하도록 연소상태를 조절하는 것이다. 연소조건은 흔히 3T라고 불리는 온도(Temperature), 시간(Time), 난류(Turbulence)의 인자를 중심으로 결정된다. 독성 유기물은 고온상태에서 일정 시간 이상 유지시키면 분해되고, 소위 열분해(pyrolysis)가 가능하다. 연소로 내에서 독성물질이 분해되고, 불완전 연소에 의한 중간 생성물이 산화되기 위해서는 고온의 연소기체를 추가로 공급되는 공기와 잘 혼합시켜 일정 이상의 반응시간을 확보할 수 있도록 설계하고 운전해야 한다. 이를 위하여 연소로의 형상, 연소공기 및 2차 공기의 배급방법 등을 포함한 연소실의 개발 및 개선이 중요하다. 3T 개념도를 그림 10.5에 나타내었다.

셋째, 후처리는 이미 생성된 오염물질을 별도의 설비를 이용하여 제거하는 것이다. 소각로에서 발생되는 비산재를 함유한 연소 배가스는 세정기(scrubber), 백필터, SCR(selective catalytic reduction), 활성탄층을 이용한 흡착 등의 방법에 의해 처리한다.

사전분리와 후처리 설비에 의한 제거기술에 대해서는 관련 교재를 참고하기 바라며, 이 책에서는 연소에 의한 제어기술에 대해 논하기로 한다.

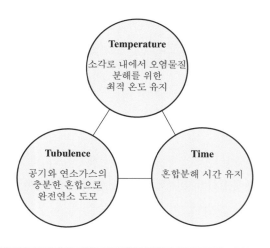

그림 10.5 3T 개념도

## 2. 연소에 의한 제어

소각 시 대기오염물질의 방출을 최소화하기 위해서는 기본적으로 다음과 같은 연소기 내의 환경을 만족시켜야 한다. 첫째, 연소 생성물의 국부적인 연료과잉 포켓(fuel-rich pocket)을 최소화시키도록 연료와 공기를 혼합시켜야 한다. 둘째, 탄화수소 화합물의 분해를 위하여 산소가 존재하는 고온의 영역을 유지해야 한다. 셋째, 연소반응 중에 급속한 냉각이나 노벽의 저온부 형성을 방지해야 한다.

다이옥신류 등의 독성 유기물 연소에 의한 생성 억제를 달성하기 위하여 폐기물 성상, 연소용 공기, 연소온도, 혼합, 입자 이월의 최소화, 후류온도, 연소 상태의 모니터링과 제어에 대하여 설명한다.

### (1) 폐기물 성상

소각을 효과적으로 수행하기 위해서는 폐기물의 발생과정과 성상 조사가 정확히 이루어져야 한다. 폐기물의 발생과정에 따라 각기 다른 다양한 특성을 가진 폐기물이 발생된다. 또한 폐기물 발생지역, 계절, 시간적으로도 폐기물의 성상이 큰 변화가 있기 때문에 그 성질 역시 매우 다양하다. 그러므로 효율적인 소각을 위해서는 폐기물의 발생과정과 성상을 고려하여 소각로를 설계하고 운전해야 한다.

만약 폐기물 조성 및 공급 특성이 갑작스럽게 변화하면 연소의 안정성이 매우 심하게 영향을 받는다. 공급 폐기물의 휘발분 함유량, 수분 함유량, 공급률, 크기 분포 또는 노 내에서의 적층 분포 형태가 바뀌면 그 변화에 맞춰 연소용 공기 공급도 변화되어야 한다. 예를 들면, 휘발 성분이 많은 물질이 급격하게 공급되면 국부적으로 산소 농도가 감소되면서 적절히 산화되지 않은 연료 과잉 포켓을 유지한채로 노를 빠져나갈 수 있다. 이렇게 운전되면 일산화탄소와 유기물의 농도가 상승하게 된다.

폐기물의 가열 정도와 수분 함유량도 노 내의 온도에 큰 영향을 미친다. 연소온도, 일산화탄소, 산소 그리고 유기물의 변동을 피하기 위해서는 균일한 폐기물 조성을 유지하고 균일한 공급 체계가 이루어지도록 설계하고 운전해야 한다. 폐기물의 조성 균일도는 소각로에 투입되기 전에 혼합을 확실하게 함으로써 개선될 수 있다. 폐기물의 수분 함량과 관련된 연소 문제는 건조영역 내에서 벽면으로부터의 효과적인 복사열전달과 예열된 1차 공기를 공급하는 방식으로 해결될 수 있다. 그러나 가장 이상적인 방법으로 노 구조가 설계된다 하더라도 적절한 연소조건을 만들기는 매우 어렵기 때문에, 다이옥신과 퓨란의 발생량을 줄일 수는 있으나 완전해결은 불가능한 일이다.

## (2) 연소용 공기

연소용 공기는 적정량을 효과적으로 배분하여 공급해야 효율적인 연소가 가능하다. 연소로에 도입된 과잉공기의 양은 연료과잉 포켓의 발생을 최소화하고 연소반응을 급냉(quenching)시키지 않도록 해야 한다. 이 목표를 만족시키기 위한 과잉공기의 양은 연소로의 형태와 연소기법에 따라 다르다.

대규모 스토커식 소각로에서는 1차 공기의 공급 체계가 각각 분리되어 제어할 수 있는 여러 개의 1차 공기 공급관을 통하여 공급하게 한다. 이렇게 함으로써 스토커 부위별로 도입된 폐기물의 건조와 연소를 각각 진행시켜 완전한 연소가 가능하도록 공기량을 변화시켜야 한다. 건조부에서 폐기물을 효과적으로 건조하기 위해서는, 배가스를 이용한 열교환기를 통하여 건조부에 유입되는 1차 공기를 140~200℃ 정도로 예열시켜야 한다. 2차 공기는 불완전 연소가스나 그중에 포함된 오염물질을 연소시키기 위한 국부적인 반응을 조정하는 데 필요하다. 또한 배기가스의 온도를 적절하게 유지하기 위하여 냉각시키는 역할도 한다. 화격자 위의 폐기물로부터 휘발물질의 방출률과 화격자 위에서의 연소율이 국부적인 1차 공기 공급량에 의해 결정된다. 2차 공기 쪽보다 1차측의 공기 공급량을 증가시키면 화격자 위에서의 연소율이 증가되며, 휘발분이 증가함으로써 부유 분진이 노 밖으로 방출되는 입자의 이월량이 증가한다. 그러므로 공기 공급량 조정은 연소 과정을 제어하는 데 중요한 요소이다.

연소용 공기를 부적절하게 공급하면 일산화탄소와 유기물의 배출이 증가된다. 소각로에서는 연소기에 공급된 연소용 공기의 양과 분포를 확인하는 장치가 설치되어야 한다. 먼저 1차 공기량과 2차 공기량이 모니터링 장치로 감시할 수 있어야 한다. 또한 연소가스 내에 과잉공기와 일산화탄소의 농도도 적당한 과잉 공기량을 유지하기 위하여 감시해야 한다. 대부분의 소각 시스템에서는 연소제어 시스템이 자동적으로 제어하도록 되어 있다. 또한 2차 연소용 공기에 소량의 물을 포함하여 분사시킴으로써 연소로 내에서 CO 저감을 도모하고 있다.

## (3) 연소온도

소각로 내에서 유기물질 분해는 화염에 존재하는 라디칼 화학종(radical species)의 화학적 반응과 열분해에 의해 일어난다. 그러므로 노 내에서의 독성 유기물 분해는 화염대에서 유기물과 산화제가 충분히 혼합되도록 하고, 화염과 접촉하지 않은 물질의 열분해를 위하여 연소온도를 충분히 높게 하면 가능하다.

연소로 내에서의 가스 온도는 시간과 공간상으로 변화가 심하다. 시간상의 변화는 폐기물 성질, 과잉공기 공급비율, 운전부하와 관련되며, 공간상의 변화는 혼합과 열전달 상태에 의해 결정된다. 일반적으로 다이옥신과 퓨란류는 800℃ 이상에서 분해된다. 그리고 다이옥신과 퓨란의 전구물질이 될 가능성이 있는 몇몇 염화 벤젠류들은 800~900℃에서 분해된다. 그러므로 소각로 연소실 내의 최소온도가 900℃보다 높다면, 연료과잉 포켓에서 발생된 독성 유기물들이 열적으로 분해될 수 있을 것이다.

## (4) 혼합

완전연소를 위해서 연료와 공기가 적절하게 혼합되어야 한다. 혼합이 불균일해지면 국부적으로 유기물이 불완전연소된다. 연소로 내에서 좋은 혼합을 이루기 위하여 가장 중요한 역할을 하는 것은 2차 공기 공급 시스템이다. 2차 공기가 혼합이 잘되게 분사되기 위해서는 적절한 노즐 배열, 크기, 제트 운동량, 노 형태 등을 고려해야 한다. 2차 공기량이 감소되면 침투(penetration)와 퍼짐이 불충분해 불균일한 혼합을 일으키고 불완전연소의 요인이 된다. 반면 폐기물량의 증가로 공급 공기가 증가하면 연소가스의 노 내 잔류 시간을 감소시키고, 혼합 형태가 바뀌며, 입자 이월을 증가시킨다. 또한 혼합은 연소로 코(bull noses), 배플(baffles), 곡류(turns) 그리고 덕트 형태와 단면의 변화 같은 연소로 설계요건에 따라 영향을 받는다. 소각로 설계시 혼합과 노형상과의 관계를 이해하기 위해서 냉간 유동실험이나 전산유체

역학(Computational Fluid Dynamics; CFD) 해석을 한다. 혼합 효율을 평가하는 방법은 주로 연도가스 내에서의 일산화탄소 농도를 측정하는 것이다. 즉, 혼합 성능을 평가하기 위하여 배가스의 모니터링 시스템이 필요하다.

### (5) 입자 이월의 최소화

연소 배가스에 섞여 있는 입자상 물질(particulate matter, PM)이 연소기 밖으로 빠져나가는 입자 이월(PM carryover)의 양은 금속 및 유기 오염물의 배출에 영향을 미친다. 그림 10.6에서 볼 수 있듯이 입자 배출량이 증가함에 따라 다이옥신 배출량이 증가되는 것을 알 수 있다. 이는 분진이 다이옥신류의 저온 형성에 참여하는 전구물질을 제공해 주기 때문이다. 입자 이월의 양은 1차 및 2차 연소용 공기의 주입량과 주입패턴에 영향을 받는다. 즉, 과잉 공기량이 많아지면 일반적으로 입자 이월이 증가한다. 또한 소각로로부터 방출되는 입자 이월의 양은 연소기 설계, 운전, 경우에 따라서는 폐기물의 성질에 따라 변화한다. 입자 이월의 증가를 초래하는 운전상황, 특히 과다한 과잉 공기량, 부적절한 연소용 공기분포, 과도한 부하는 연소과정의 운전과 제어를 적절히 함으로써 최소화할 수 있다. 그러므로 연소가스 중의 산소농도, 연소용 공기분포, 운전부하 등은 입자 이월의 양을 최소화하기 위하여 연속적으로 감시 및 제어해야 한다.

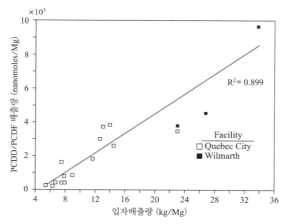

그림 10.6 **입자량과 다이옥신 양과의 관계**
주 : [1] Mg는 단위 폐기물 공급량임.

## (6) 후류온도(downstream temperature)

다이옥신과 퓨란류의 농도는 연소실 출구와 굴뚝 사이에서 증가한다. 다이옥신과 퓨란류의 생성량은 잔류시간과 온도에 따라 변화하는데, 300℃ 부근에서 발생량이 최대이고, 250℃ 이하와 400℃ 이상의 온도에서는 발생량이 상당히 감소된다. 그러므로 배가스가 연도를 따라서 배출될 때 최대 발생 가능 온도인 300℃ 부근에서는 배가스의 체류시간을 최소화해야 한다. 이를 위해서는 보일러에서 배가스를 400℃까지 냉각시킨 다음, 수분사식을 이용해서 짧은 시간 이내에 230℃ 정도, 즉 집진 시설이나 배가스 청정시설에 적당한 온도로 냉각시키면 다이옥신과 퓨란 생성이 이 부위에서는 이루어지지 않을 것이다. 그림 10.7은 전기집진기 입구온도 변화에 따른 다이옥신 양의 변화를 나타낸 것인데, 이미 언급한 바와 같이 250℃ 이하에서 다이옥신의 발생량이 감소되는 것을 알 수 있다.

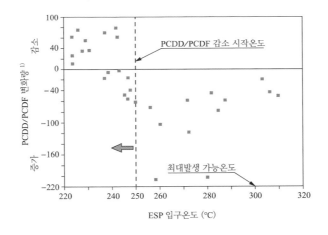

그림 10.7 전기집진기 입구온도와 다이옥신 배출 비율
주 : [1] 전기집진기(ESP) 입구와 출구에서 PCDD/PCDF 양의 차 값임

## (7) 연소 상태 모니터링과 제어

소각 시스템은 설계기준에 따라 운전되어야 하고, 폐기물 공급률, 온도, 과잉공기 등의 변화에 따라 시스템 운전 인자를 적절히 변화시켜야 한다. 소

각로를 성공적으로 운전하려면 여러 가지 운전변수를 동시에 조절하고 모니터링하는 자동제어 시스템을 운영해야 한다. 저공해 소각로를 실현하기 위해서는 연소공기온도, 공기유량, 공기분포, 연소가스온도, 연소가스 중의 일산화탄소, 산소의 농도, 후류에서의 가스온도, 입자 이월 등을 연속적으로 모니터링해야 한다. 그러나 혼합 등과 같은 요소는 직접적으로 측정할 수 없으므로 열방출률, 굴뚝에서의 산소, 일산화탄소 농도와 같은 간접적 지시량을 대신 모니터링해야 하고, 이 값으로부터 연소가스의 혼합과 적당한 과잉공기량을 제어해야 한다.

다이옥신류의 배출을 상대적으로 예측할 수 있는 것은 일산화탄소의 양을 측정하여 다이옥신류의 배출 상황을 유추할 수 있다. 그림 10.8에 일산화탄소와 배출되는 다이옥신 양의 관계를 나타내었다. 일산화탄소의 양이 증가함에 따라 다이옥신의 양이 증가되는 것을 알 수 있다.

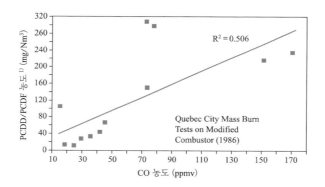

그림 10.8 다이옥신과 일산화탄소 양과의 관계
주 : [1] 12% $CO_2$ 기준 농도임


## 3 저공해 소각시스템 표준

저공해 소각을 이루기 위해 시스템의 구성에 따라 다소 차이가 있겠지만, 다음의 설계기준을 만족해야 한다. 첫째, 연소용 공기비는 1.6~1.8 정도로 유지하며, 연소용 공기를 100~200℃로 예열하여 연소실의 온도를 1,150℃까지 높인다. 둘째, 연소가스 중의 산소함량을 가능한 7~8% 정도로 줄인다. 셋째, 연소가스는 강한 난류상태가 되도록 하며 체류시간을 충분히 갖도록 연소로 형상을 설계하여 최적 유동상태로 완전하고 안정된 연소가 되도록 한다. 넷째, 연소과정에서 SNCR(Selective Non-Catalytic Reduction) 과정이 이루어지도록 연소로 상부에 분말형태의 $NH_4OH$나 $NH_3$ 가스 등을 압축공기로 분사시켜 식 10.1과 같이 환원반응을 유도하고 저 $NO_x$ 효과를 갖도록 한다. 동시에 다이옥신이 $0.1 \ ng/Nm^3$ 이하가 되도록 한다.

$$4NO \ + \ 4NH_3 + \ O_2 \rightarrow 4N_2 + \ 6H_2O \qquad (10.1)$$

다섯째, 집진기로는 가능한 백필터를 설치하되 저공해, 특히 저다이옥신을 위해 석회석과 활성탄이나 활성코크스를 집진 전과정에서 분사시켜 효율을 높이도록 한다. 전기집진기를 설치할 경우에는 가스온도를 170℃ 정도로 낮추어 운전하도록 한다.

# Chapter 11 혼합 폐기물 열적처리

## 1 열분해

열분해(pyrolysis)는 연소와 달리 가연성 고체물질 등을 연소시키기 위해 필요한 이론 공기량의 공급 없이, 단순히 열만 가하여 물질 중에 포함되어 있는 탄소화합물들을 건류시키는 것으로 흡열반응이다. 따라서 열분해반응을 위해서는 반드시 열이 필요하다.

셀룰로스($C_6H_{10}O_5$)의 이상적인 열분해반응 예는 식 11.1과 같다.

$$C_6H_{10}O_5 \xrightarrow{\text{가열}} CH_4 + 2CO + 3H_2O + 3C \qquad (11.1)$$

열분해에서 발생한 가스는 메탄, 일산화탄소 그리고 수분이 함유되어 있으며, 이 중 일산화탄소와 메탄은 가연성 가스이다. 또한 탄소잔류물인 촤(char-C)도 발생되는데, 가연성 물질로 발열량을 가진다. 위의 반응은 산소가 없는 상태에서 순수한 셀룰로스만의 이상적인 열분해반응의 경우이다. 그러나 일반적으로 물질은 순수하지 않고 유기성과 무기성이 첨가된 성분이 함유되어 있다. 생성가스는 복잡한 유기화합물의 혼합물이며, 촤는 액상으로서 잔류탄소와 타르(tar)뿐만 아니라 광물질, 재 그리고 기타 무기물질 등이 함유되어 있다.

## 1. 열분해 생성물

앞에서 설명한 바와 같이 이론적으로 단순 열분해반응에 의해 생성되는 물질은 가연성분으로 구성된 건류가스와 촤뿐이다. 실제 상태에서 투입되는 물질은 복합적이고 열분해공정으로부터 재생된 생성물도 복잡하고 다양하다. 반응 생성물의 구성은 반응온도, 열분해로의 압력 그리고 연소실로 주입되는 공기(산소)의 총량에 따라 달라지며 다양하다.

　전형적인 고형 폐기물 처분방법인 열분해로부터 발생된 생성물의 예를 표 11.1에 나타내었다. 열분해로의 온도는 개별 공정에 의하여 500~900℃로 다양하며, 폐기물 체류시간은 12~15분 정도이다. 도시 폐기물의 열분해 공정에서는 폐기물 내에 있는 대부분의 유리와 금속 함유물을 제거하였다. 주의할 것은 가스의 생성은 가장 높은 온도에서 주로 생성되는 반면에, 타르와 기타 액상의 생성은 가장 낮은 온도에서 많이 생성된다.

열분해반응으로 생성된 가스는 대략 11,200~15,000 kJ/Nm$^3$의 발열량을 가진다. 암모니아는 주입 폐기물에 함유되어 있는 질소 성분으로부터 생성되며, 폐기물 내의 황과 결합하여 황산암모늄을 생산한다.

　다양한 열분해온도에 의한 전형적인 생성가스의 성분을 표 11.2에 나타내었다. 이 생성가스는 연소를 유지할 수 있는 발열량을 가지고 있고, 낮은 등급의 연료로 이용할 수 있다. 또한 이 생성가스는 가연성 물질 외에 유기산 같은 미량의 오염물을 함유하고 있는데, 이러한 오염성분들은 열분해이며, 시스템에서 이용되기 전에 제거되어야 한다. 일반적으로 열분해가스는 열분해 시스템의 후연소버너에서 이용하고 있다.

표 11.1  도시 및 산업폐기물의 열분해 생성물

| 종 류 | 열분해 온도[℃] | 생성물의 조성[wt%] | | | | | | |
|---|---|---|---|---|---|---|---|---|
| | | 잔류물 | 가스 | 타르 | 가스중 경유분 | 암모니아 | 액체 | 합계 |
| 미처리 도시폐기물 | 500 | 9.3 | 26.7 | 2.2 | 0.5 | 0.05 | 55.8 | 94.6 |
| | 750 | 11.5 | 23.7 | 1.2 | 0.9 | 0.03 | 55.0 | 92.3 |
| | 900 | 7.7 | 39.5 | 0.2 | 0.0 | 0.03 | 47.8 | 95.2 |
| 전처리 도시폐기물 | 500 | 21.2 | 27.7 | 2.3 | 1.3 | 0.05 | 40.6 | 93.2 |
| | 750 | 19.5 | 18.3 | 1.0 | 0.9 | 0.02 | 51.5 | 91.2 |
| | 900 | 19.1 | 40.1 | 0.6 | 0.2 | 0.04 | 35.3 | 95.3 |
| 산업폐기물 A | 500 | 36.1 | 23.7 | 1.9 | 0.5 | 0.05 | 31.6 | 93.9 |
| | 750 | 37.5 | 22.8 | 0.7 | 0.9 | 0.03 | 30.6 | 92.5 |
| | 900 | 38.8 | 29.4 | 0.2 | 0.6 | 0.04 | 21.8 | 90.8 |
| 산업폐기물 B | 500 | 41.9 | 21.8 | 0.8 | 0.6 | 0.03 | 29.5 | 94.6 |
| | 750 | 31.4 | 25.5 | 0.8 | 0.8 | 0.03 | 31.5 | 90.0 |
| | 900 | 30.9 | 31.5 | 0.1 | 0.5 | 0.03 | 29.0 | 92.0 |

표 11.2 열분해 생성가스의 조성

| 조성[vol.%] | 열분해 온도[℃] | | | |
|---|---|---|---|---|
| | 480 | 650 | 820 | 930 |
| CO | 33.6 | 30.5 | 34.1 | 35.3 |
| $CO_2$ | 44.8 | 31.8 | 20.6 | 18.3 |
| $H_2$ | 5.6 | 16.5 | 28.6 | 32.4 |
| $CH_4$ | 12.5 | 15.9 | 13.7 | 10.5 |
| $C_2H_{10}$ | 3.0 | 3.1 | 0.8 | 1.1 |
| $C_2H_6$ | 0.5 | 2.2 | 2.2 | 2.4 |
| 고위발열량[kJ/Nm$^3$] | 11,630 | 15,020 | 14,610 | 14,350 |

## 2. 열분해 시스템

혼합 폐기물의 처분을 위한 열분해 시스템의 예를 그림 11.1에 나타내었다. 공급되는 폐기물은 유리, 금속, 종이 등 회수가치가 있는 것들을 종류별로 선별한다. 선별된 폐기물은 파쇄기에서 파쇄되어 자석 선별기를 지나면서 회수가치가 있는 철을 함유한 금속 잔류물을 선별한 후 저장조(feed storage)로 공급된다. 폐기물의 파쇄는 반응기인 열분해로에 작고 균일한 크기로 폐기물이 공급되도록 하는데 꼭 필요한 과정이다. 저장조의 폐기물은 호퍼를 통해 열분해로로 공급되는데, 이때 열분해반응을 감소시키는 공기의 유입을 최소화하기 위해 공기차단장치가 필요하다.

열분해로는 열공급을 위하여 그림 11.1과 같이 주로 외부에서 열방식이 사용되지만, 내부에서 연료를 연소시켜 필요한 반응열을 공급하는 형식도 많이 사용된다. 열분해로에서 생성된 가스는 일단 모두 가스 저장조에 저장된 후 가스 중 유기산과 기타 유기화합물은 압축저장 시 응축되어 방출된다. 열분해 생성가스의 30~40%는 열분해로를 가열하기 위해 사용되고, 나머지는 다른 에너지원으로 사용된다. 생성가스의 발열량을 나타내는 성분 중 대부분은 응축물 속에 포함된다.

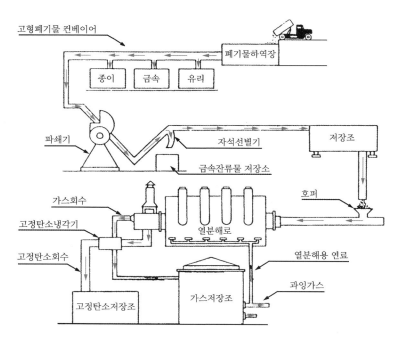

그림 11.1 **폐기물 열분해 공정**

　고정탄소 냉각기에서는 열분해 잔류물인 고정탄소의 냉각과 동시에 가스의 가열이 이루어진다. 열분해 생성가스는 가스 저장조로 이송 중에 냉각하게 되면 가스 중 일부 응축된 성분이 가스의 흐름을 이탈하게 되며, 결과적으로 가스의 발열량이 감소하게 된다. 그러므로 생성가스로부터 에너지 이용 효율을 극대화시키기 위해서는 생성가스의 가연성 성분들이 응축되지 않도록 가스의 온도를 최대한 높게 유지될 수 있도록 하는 것이 중요하며, 최소한 가스버너까지 수송되는 동안이라도 응축이 일어나지 않도록 해야 한다. 또한 저장탱크 내에서의 저장시간도 응축이 일어나는 것을 방지하기 위하여 가능한 짧게 유지하는 것이 좋다. 열분해반응으로 생기는 잔류고형물은 모두 고정탄소가 포함된 활성탄(charcoal)으로 열분해반응의 부산물에 해당되며 고정탄소 저장조에 저장된다.

　열분해 공정에서 처음 반응이 시작되기 위해서는 외부로부터 열에너지가 필요하다. 반응 초기에 생성되어 나오는 가스의 주성분은 수증기, 이산화탄소 그리고 공기와 소량의 일산화탄소 등으로 발열량이 거의 없는 가스이다. 따라서 열분해반응에 의한 가연성 가스가 나올 때까지 굴뚝으로 방출시킨다.

## (1) 퓨록스 열분해로

유니온 카바이드(Union Carbide)사는 폐기물 또는 다른 혼합 고형 폐기물을 처리하기 위해 용량이 200 ton/day 규모의 퓨록스 열분해로를 개발하였으며, 그림 11.2와 같다. 이 노는 연소용 공기 대신 순수한 산소를 이용하기 때문에 퓨록스(Purox)로 명명되었다. 내벽은 내화재로 둘러싼 수직형이며 상부에서 분쇄된 상태로 폐기물이 투입되는 구조로 되어있다.

퓨록스 열분해로는 연소영역, 열분해영역, 건조영역 등 세 영역으로 구분된다. 노의 맨 아래 부분이 열분해반응에 필요한 반응열을 공급하는 연소

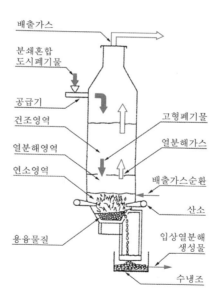

그림 11.2 퓨록스 열분해로

영역으로, 산화제인 산소가 공급되어 폐기물이 연소되고 연소열을 동반한 고온의 연소가스가 생성된다. 연소영역 바로 윗부분인 열분해영역은 고온의 연소가스가 이 층을 통과하면서 열분해반응에 필요한 열을 공급받고 폐기물이 열분해되게 된다. 열분해영역을 통과한 가스는 온도가 낮아지기는 하였으나, 다시 건조영역을 통과하면서 노 안으로 유입되는 폐기물을 건조시키는 역할을 한다.

이 노는 연소영역에서 공기 대신에 산소가 사용되기 때문에 공기 중 질소에 의해 생성가스가 희석되어 발열량이 감소되는 것이 방지되고, 연소영역에서 $NO_x$ 발생을 저감시켜 이로 인해 생성가스가 오염되는 것을 피할 수 있다. 노에서 배출되는 생성가스는 온도가 대략 950℃이며 발열량은 11,200 kJ/Nm³이다. 열분해 생성가스로 회수되는 에너지는 연료로 사용된 폐기물이 가지고 있던 에너지의 약 80% 정도이다.

연소영역에서 생성된 용융물질은 열분해로 하부를 통해 배출되며, 수냉조에서 물로 급냉시켜 입상으로 배출된다. 이와 같이 얻어지는 입상열분해 생성물의 양은 부피비로 열분해로에서 처리된 폐기물의 약 20~30%에 해당된다. 잔류물의 화학적 조성은 표 11.3과 같다.

표 11.3 퓨록스 열분해로 잔류물의 화학적 조성

| 화학적 분석 | 조 성[wt%] | 화학적 분석 | 조 성[wt%] |
|---|---|---|---|
| FeO | 9.0 | CaCO₃ | 1.6 |
| Fe₂O₃ | 1.7 | CaO | 13.7 |
| MnO | 0.7 | Al₂O₃ | 9.2 |
| SiO₂ | 63.1 | TiO₂ | 0.1 |

## (2) 토락스 열분해로

고체 폐기물을 열분해처리하기 위한 토락스(Torax) 열분해로는 카보란덤(Carborun-dum)사에서 개발되었으며, 그림 11.3과 같다.

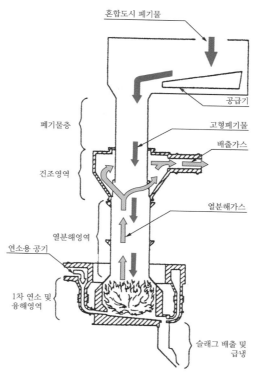

혼합도시 폐기물

공급기

폐기물층

고형폐기물

배출가스

건조영역

열분해가스

열분해영역

연소용 공기

1차 연소 및
용해영역

슬래그 배출 및
급냉

그림 11.3 **토락스 열분해로**

　폐기물은 파쇄하거나 분류되지 않은 상태로 열분해로의 상부에서 공급기에 의해 투입된다. 이때 폐기물이 자중에 의해 다져지기 때문에 노 내의 열분해가스는 폐기물층을 통과하지 못하고 대기와 차단된다. 연소용 공기는 열분해로 하부에서 유입되며, 연소 시 생성된 가스는 열분해영역을 통과하면서 반응열을 전달한다. 열분해영역에서 생성된 열분해가스는 건조영역을 거치면서 폐기물층으로부터 이 영역으로 투입되는 폐기물을 건조한다. 건조층을 지난 열분해가스는 압축된 플러그(plug) 형태의 폐기물층으로 인하여 더 이상 위로 빠져나가지 못하다가, 계속 누적되어 가스의 압력이 커지게 되면 열분해로 중간에 있는 출구를 통해 빠져나가게 된다.

　열분해로에서 발생되는 열분해가스의 온도는 430~550℃의 정도이며, 발열량은 약 4,500~5,600 kJ/Nm$^3$이다. 일반적으로 열분해가스는 발열량이

5,600 kJ/Nm$^3$보다 낮으면 연소를 자체적으로 유지하기가 어려우므로, 토락스 열분해로에서 발생된 가스는 낮은 발열량으로 인해 상업적으로 활용하기는 어렵다. 따라서 낮은 발열량과 높은 가스온도를 가진 이 열분해가스의 경우 연소를 유지시키기 위해 비록 보조연료가 요구될 것이지만, 열분해시스템 내에서 자체(on site)적으로 온수나 수증기 생산에 이용될 경우 더 경제적이다.

고체잔류물은 체적이 공급된 폐기물의 3~5% 정도이며, 무게는 15~20% 정도이다. 잔류물은 열분해로부터 연속적으로 제거되어 물로 급냉시키면 입상으로 얻어지는데, 그 조성은 표 11.4와 같다.

표 11.4 **토락스 열분해로 잔류물의 화학적 조성**

| 성 분 | 대표값[wt%] | 조성범위[%] | 성 분 | 대표값[wt%] | 조성범위[%] |
|---|---|---|---|---|---|
| $SiO_2$ | 45.0 | 32.0~58.0 | CaO | 8.0 | 4.8~12.1 |
| $Al_2O_3$ | 10.0 | 5.5~11.0 | MnO | 0.6 | 0.2~1.0 |
| $TiO_2$ | 0.8 | 0.5~1.3 | $Na_2O$ | 6.0 | 4.0~8.6 |
| $Fe_2O_3$ | 10.0 | 0.5~22.0 | $K_2O$ | 0.7 | 0.4~1.1 |
| FeO | 15.0 | 11.0~21.0 | $Cr_2O_3$ | 0.5 | 0.1~1.7 |
| MgO | 2.0 | 1.8~3.3 | CuO | 0.2 | 0.1~0.3 |
| $CaCO_3$ | 1.1 | 0~1.5 | ZnO | 0.1 | 0~0.3 |

## 2 공기량제한 소각로

공기량제한 소각로(Starved Air Incineration; SAU)는 폐기물의 소각처리 시 발생되는 대기오염문제를 해결하기 위해 제안된 소각로이다. 이 소각로는 도시 폐기물의 처리를 위해 개발되었으나, 현재에는 여러 가지 고형 폐기물과 하수처리장의 폐수 슬러지의 처리를 위해서 사용되고 있다. 또한 2차 연소실은 가스나 현탁액 같은 액상 폐기물 처리에도 사용된다.

## (1) 공기량 제한소각 이론

공기량제한 소각로는 그림 11.4에서 보는 것처럼 1차 연소실과 2차 연소실로 구성되어 있다. 폐기물은 폐기물 공급기에 의해 1차 연소실로 공급되며, 1차 연소용 공기는 공기 유입구를 통에 유입된다. 1차 연소용 공기는 열분해반응에 필요한 열을 공급하기 위해 연소에 필요한 최소한의 공기만 유입되며, 1차 연소실에 공급되는 공기량은 이론 공기량의 70~80% 정도이다. 열분해반응으로 얻어진 생성가스는 가연성분으로 2차 연소실에서 연소된다. 2차 연소실은 생성가스 중에 포함되어 있는 가연성 유기성분들이 완전히 분해될 수 있도록 충분한 체류시간이 유지되는 크기를 가져야 한다. 2차 연소실은 완전연소를 이루기 위해 이론 공기량의 140~200%로 과잉공기가 공급되는 것이 효과적이다.

이 소각로는 연소로 내에서 검댕의 발생 없이 거의 완전연소를 이룰 수 있으므로, 특별한 경우를 제외하고는 습식 스크러버나 집진장치를 필요로 하지 않는다.

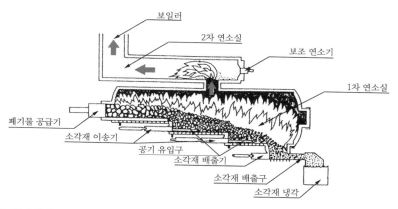

**그림 11.4 공기량제한 소각로**

## (2) 공기량 제어

공기량제한 소각로가 효과적으로 운전되기 위해서는 각 연소실에서 공기량의 적절한 조절이 중요하다.

그림 11.5는 셀룰로스 열분해 시 과잉공기와 단열화염 온도의 관계를 나타낸 것으로, 온도가 과잉공기의 양과 직접적인 관계가 있음을 보여 준다. 그림에서 알 수 있듯이 공기량이 이론 공기량보다 작은 경우는 공기의 양이 증가할수록 온도가 증가된다. 따라서 이 경우는 공기의 양을 증가시킴으로써 연소율을 높일 수 있고, 발생열량도 크게 할 수 있다. 하지만 공기량이 이론 공기량보다 큰 경우는 공기량이 증가할수록 온도가 감소된다. 이는 과잉공기에 의한 연소가스의 배기 손실 때문이다.

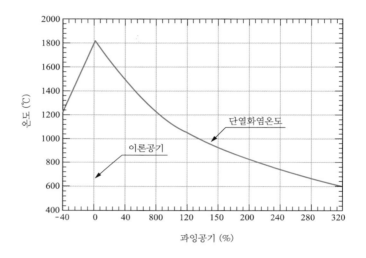

**그림 11.5 공기량 변화에 따른 셀룰로스의 열분해온도**

1차 연소실은 이미 언급한 바와 같이 완전연소보다는 폐기물의 열분해반응에 필요한 열만 공급하면 되므로, 이론 공기량보다 적은 범위에서 운전되는 것이 효과적이다. 운전 시 다음과 같은 조절이 필요하다.

- 노 내 온도가 높을 경우 : 1차 공기량 감소
- 노 내 온도가 낮을 경우 : 1차 공기량 증가

2차 연소실은 1차 연소실과 달리 완전연소가 되도록 설계되어야 한다. 이를 위해서는 이론 공기량에 근접된 약간의 과잉공기만이 필요하다. 하지만 2차 연소실의 경우 온도가 너무 높게 유지되면 내화벽돌의 열변형으로 인해 문제가 발생되므로, 과잉공기를 공급하여 연소가스의 냉각으로 가스의 온도가 너무 높아지는 것을 방지해야 한다. 따라서 2차 연소실에서 운전 시 공기량의 조절은 다음과 같이 할 필요가 있다.

- 노 내 온도가 높을 경우 : 2차 공기량 증가
- 노 내 온도가 낮을 경우 : 2차 공기량 감소

공기량제한 소각로는 일반적으로 자동온도 감지기에 의해 각 연소실에 필요로 하는 공기량을 댐퍼로 자동조절하도록 되어있다.

## (3) 폐기물 투입

폐기물 처리량이 340 kg/h 이하의 작은 규모를 갖는 열분해로는 폐기물의 공급을 회분식(batch type)으로 한다. 이 경우 폐기물은 매시간 주기적으로 투입되며 연소실 안에 가득 채운 후 연소실이 밀폐된 상태에서 소각이 진행된다.

그림 11.6은 1차 연소실에 폐기물을 투입하는 장치를 나타내었다. 이 장치의 특징은 1차 연소실 안으로 공기의 유입이 최소화되도록 설계되었다. 폐기물 처리량이 340 kg/h 이상의 큰 규모인 열분해로는 폐기물의 공급을 연속식으로 한다.

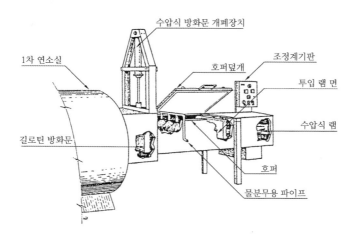

그림 11.6 회분식 폐기물 공급장치

그림 11.7은 연속식 폐기물 공급기의 예로서, 두 개의 피스톤에 의해 폐기물이 연소실로 공급되는 과정을 나타내고 있다. 이 장치는 호퍼로부터 공기가 투입되는 것을 방지하기 위해 연소실의 투입구가 ④번과 같이 상부의 램(ram)에 의해 호퍼가 완전히 밀폐되기 전에는 열리지 않도록 되어있다.

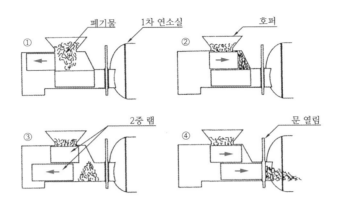

그림 11.7 연속식 폐기물 공급장치

### (4) 배출가스

공기량제한 소각로는 다른 소각로와 비교하여 1차 연소실에서 발생되는 연소가스의 양이 적고, 연소실 내의 속도도 매우 느리다. 따라서 연소가스의 흐름이 거의 층류로 유지되기 때문에 난류로 인한 비산재의 발생과 가스의 흐름에 의한 입자상 물질의 이동이 거의 무시될 수 있다. 완전연소가 진행되는 2차 연소실에서 배출되는 가스 역시 검댕이가 거의 발생되지 않고 완전연소가 이루어진다. 따라서 공기량제한 소각로에서 배출되는 가스는 집진장치나 유해가스 처리설비를 사용하지 않고도 배출기준치 이하로 제어가 가능하다.

### (5) 재배출

공기량제한 소각로에서 재의 제거방식은 수동식과 자동식 두 가지가 이용된다. 작은 규모의 경우 연소실에서 연소가 끝난 후 수동으로 재를 배출시킨다. 대규모의 경우는 그림 11.3과 같이 연소가 진행 중에 재가 소각재 배출구를 통해 배출된다. 배출된 고온의 소각재는 물에 의해 냉각되어 컨베이어로 컨테이너나 트럭으로 옮겨져 최종 처리된다.

## Chapter 12

# 열설비 에너지 회수이용

## 1 소각로의 폐열이용 변천

연소로 내의 가스온도가 약 800~950℃가 되는데, 이 가스는 집진장치를
사용할 수 있는 온도인 300℃ 이하까지 온도를 감소시킬 필요가 있다. 종래
부터 중소형 노에서는 물분사 감온장치가 주류를 이루었고, 일부 폐열 이용
에 필요한 열량을 얻기 위하여 그림 12.1과 같이 온수 열교환기와 물분사장
치를 조합하는 경우도 있다. 대형 노에서는 이들 물분사장치에 의하여 많은
양의 물이 연소가스 중에 방사되고, 또 배가스량의 증가로 비경제적이므로,
그림 12.2와 같이 전 보일러를 설치하여 물을 절약하고 폐열을 이용하였다.

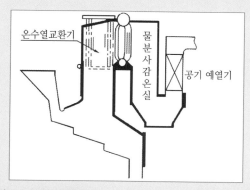

온수열교환기 / 물분사 감온실 / 공기 예열기

그림 12.1 **반 보일러**

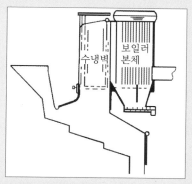

수냉벽 / 보일러 본체

그림 12.2 **전 보일러**

폐열을 회수하는 경우 다음과 같은 특징이 있다. 첫째, 열회수 연소가스의
온도와 부피를 줄일 수 있다. 둘째, 소각로의 온도조절이 필요하지 않으므로
과잉공기량이 비교적 적게 요구된다. 셋째, 소각로의 연소실 크기를 작게 할

수 있다. 넷째, 공기와 연소가스의 양이 비교적 적으므로 용량이 작은 송풍기를 쓸 수 있다. 다섯째, 수증기 생산을 위한 수벽(water wall), 보일러 등의 설비가 필요하다. 여섯째, 소각로의 수증기 생산 설비의 조작이 복잡하다. 일곱째, 연소가스 배출 부분과 수증기 보일러관에서 부식이 발생한다. 여덟째, 수증기 생산으로 에너지 절약 비용이 소각로의 잔존가격(salvage value)에 포함된다.

## 2 폐열이용 형태

폐열의 회수란 폐기물을 소각한 후 발생되는 고온의 연소가스로부터 열을 회수하여 에너지원으로 이용하는 것이다. 중앙집중식 소각로의 열회수 시스템의 예를 그림 12.3에 나타내었다. 그림에서 볼 수 있듯이 열교환기의 종류에 따라 열풍이용, 온수에너지, 증기에너지의 형태로 열을 얻을 수 있다.

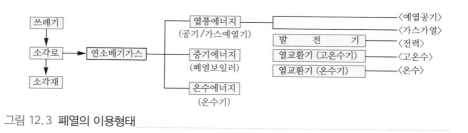

그림 12.3 폐열의 이용형태

### (1) 열풍 이용

열풍 이용 설비는 연소용 공기를 예열하는 가스 공기예열기와 배가스 속에 포함된 수증기의 냉각으로 굴뚝에서 발생하는 백연을 방지하기 위한 가스가열기가 이용된다. 대규모 도시 폐기물 소각로에서의 공기예열은 폐열 보일러에서 생산되는 증기를 이용한 증기 공기예열기가 주로 사용된다.

공기예열기는 수분이 많은 폐기물을 건조시켜 연소성을 높이기 위해 필요한 것으로, 공기예열기가 없는 플랜트에서는 그 부족분의 열량을 보조연료에 의지하지 않으면 안 된다. 공기예열기는 배가스와 폐열증기 등을 이용해서 찬공기(20℃)를 예열(일반적으로 250℃ 정도)하는 것이기 때문에 자원 절약 및 에너지 절약의 목적에 부합되는 설비라고 할 수 있다.

## (2) 온수 이용

폐열을 이용하여 온수를 생산하는 방법에는 연소가스와 물을 열교환시켜 온수를 얻는 방법과 폐열 보일러를 설치하여 증기를 생산한 후 증기와 물을 열교환하여 온수를 얻는 방법이 있다. 온수는 100℃를 기준으로 고온수와 온수로 편의상 구분하며, 통상 고온수는 120~160℃ 정도이고, 온수는 80~100℃ 정도이다.

## (3) 증기 이용

폐열 보일러에서 생산된 증기를 그대로 수요처에 공급하거나 열교환기를 통해 온수로 공급하는 방식으로, 보통 10~20 kgf/cm²G의 포화증기가 사용되며, 열부하의 변동에 대비하여 증기 복수기를 설치하여 열공급을 제어한다.


## 3 폐열의 이용방식

폐열의 이용방식은 소각플랜트 내의 열이용과 소각플랜트 밖의 열이용이 있으며, 열원으로는 증기나 온수가 주로 이용된다. 여열 이용 측면에서 유리한 폐열 보일러식의 열이용 설비로는 다음과 같은 것들이 있다.

### ① 플랜트 내 이용설비
- 증기식 공기예열기에 의한 연소용 공기의 예열(증기)
- 증기식 수우트블로워(증기)[1]
- 제연설비 출구배가스의 재가열(증기 또는 열풍)
- 플랜트 내의 급탕, 욕실, 냉난방(증기 또는 온수)

---

주 : [1] 2차 연소용 공기에 소량의 증기를 포함한 후 분사시켜 CO 저감을 도모할 경우 사용

- 세차용 스팀세탁(증기)
- 노무작업자의 의복세탁(증기)
- 증기터빈 설치에 의한 자가발전(증기)

② 플랜트 외 이용설비
- 병원, 양로원, 복지센터, 주택, 학교 등의 급탕, 냉난방, 소독 등(증기 또는 온수)
- 온수 풀장(증기 또는 온수)
- 동식물용 온실(증기 또는 온수)
- 자가발전에 의한 전력회사의 잉여전력 매각(증기)

## 4 열에너지 회수시스템

열에너지 회수시스템은 폐열 보일러에 생산된 증기를 전기생산을 주목적으로 터빈에 송기하여 발전하는 방식이며, 그 예를 그림 12.4에 나타내었다. 그림에서 보듯이 이 시스템은 소각로, 보일러, 과열기, 절탄기(그림 12.5 참조), 공기예열기, 증기 터빈, 발전기, 복수기(그림 12.6 참조), 급수설비 등으로 구성된다.

급수펌프에 의해 소각로로 공급된 물은 절탄기에서 일부 가열되어 보일러에서 습포화 증기를 형성한 후, 과열기에서 과열증기가 되어 증기 터빈 입구로 공급된다. 이 고온 고압의 증기는 터빈에서 노즐에 의해 고압분사되고, 터빈 날개(turbine blade)를 회전시켜 이 회전력에 의해 발전기가 돌아가면서 전기를 생산한다. 아울러 터빈의 출구에서 저온으로 배출되는 습포화 증기는 복수기에서 액체로 응축된 후 다시 펌프에 의해 소각로로 공급되는 과정을 거치게 된다.

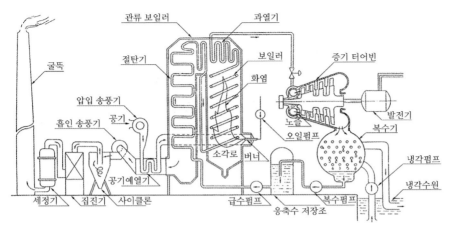

그림 12.4 **증기발전 시스템**

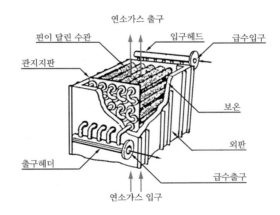

그림 12.5 **절탄기**

폐기물 소각 시 폐열을 발전에 이용하는 경우 외에 지역냉난방과 열병합 발전에 사용하는 경우도 있다.

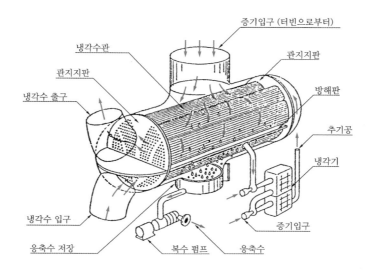

냉각수관
관지지판
냉각수 출구
관지지판
냉각수 입구
응축수 저장
복수 펌프
응축수
증기입구 (터빈으로부터)
방해판
추기공
냉각기
증기입구

그림 12.6 **복수기**

　　지역 냉난방은 폐열 보일러에서 발생되는 증기를 흡수식 냉동기 또는 히트펌프를 이용해 특정 지역의 냉방과 난방을 하는 것이다. 열병합 발전은 그림 12.7과 같이 폐열 보일러에서 생산된 증기를 터빈으로 송기하여 전기를 생산하는 동시에, 일부 증기는 여열 이용의 열원으로 공급하는 방식이다. 열병합 발전은 전기와 열을 적당히 조합시킨다면 에너지 효율을 70~80%까지 향상시킬 수 있어 도시 폐기물 소각로에 널리 채용되고 있다.

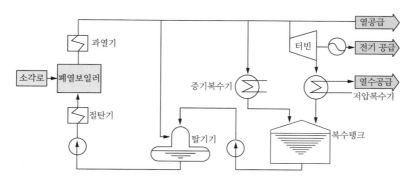

그림 12.7 **열병합 발전 시스템**

# 1. 보일러의 형식분류

보일러의 형식은 물의 순환방식과 보일러 본체 구조에 따라 구분되며, 표 12.1과 같다.

표 12.1 **보일러의 형식 분류**

| 형식 분류 | 보일러 타입 | 비고 |
|---|---|---|
| 물의 순환방식 | 자연순환 보일러 | – |
| | 강제순환 보일러 | – |
| | 관류 보일러 | – |
| 보일러 본체 구조 | 원통 보일러 | 자연순환 보일러 |
| | 수관 보일러 | 자연순환 보일러<br>강제순환 보일러<br>관류 보일러 |

물의 순환방식에 따른 보일러 타입을 보면 다음과 같다. 자연순환 보일러 (natural circulation boiler)는 수관 내에서 물이 증발하여 기수혼합물이 되면 비중량이 감소하기 때문에, 부력에 의한 순환력이 생기고 이러한 자연순환력을 이용하는 것으로 그림 12.8과 같다.

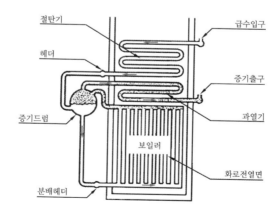

그림 12.8 **자연순환식**

강제순환 보일러(controlled circula- tion boiler)는 자연순환 보일러와 유사한 순환회로를 가지며, 이 중에 순환펌프(circulating pump)를 설치하여 자연순환력에 펌프의 순환력을 가한 것으로 그림 12.9와 같다. 관류보일러(once-through boiler)는 그림 12.10과 같이 일련의 관군으로 구성되며, 급수펌프에 의해 한끝에서 밀어넣은 물이 순차적으로 예열, 증발, 과열되어 다른 한끝으로 증기가 되어 나가는 형식이다. 증기와 물의 비중량의 차를 이용할 수 없는 초임계압 보일러는 이 방식에 따른다.

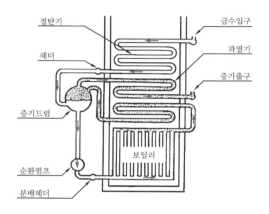

그림 12.9 **강제순환식**

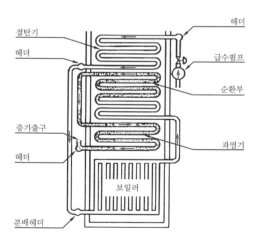

그림 12.10 **관류식**

보일러의 본체 구조에 따른 보일러 타입을 보면 원통 보일러(cylinderical boiler)와 수관 보일러(water tube boiler)가 있다. 원통 보일러는 그림 12.11과 같이 원통형강판 내에 화로 및 전열관을 내장한 것이며, 구조상 저압 소용량용이므로 동력용 증기의 발생에 사용되지 않는다. 수관 보일러는 그림 12.8~12.10과 같이 연소실 내에 수관이 내장되어 있는 형태로 가는 수관으로 전열면이 구성되어 있으며, 원통 보일러에 비해 고압 대용량용으로 적합하다.

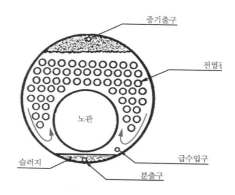

그림 12.11 원통 보일러

## 2. 터빈의 분류

### (1) 증기 터빈의 구조

증기 터빈은 그림 12.12와 같이 증기입구와 출구, 증기분사 노즐, 터빈 날개, 감속치차 등으로 구성되어 있다. 증기입구로 유입된 고압의 증기는 노즐에서 속도를 증가시켜 유체의 모멘텀(momentum)을 크게 한 후, 터빈 날개에 원주방향으로 고속으로 부딪치게 한다. 이때 터빈 날개가 고속으로 회전하게 되어 회전력을 얻고 발전기로 이 축동력을 전달시킨다.

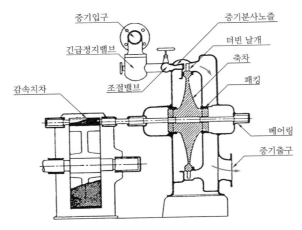

그림 12.12 **증기 터빈**

## (2) 출구증기의 상태에 의한 분류

증기 터빈은 출구증기의 상태에 따라 복수 터빈(condensing turbine), 추기 복수 터빈(extraction condensing turbine), 배압 터빈(back pressure turbine), 추기배압 터빈(extraction back pressure turbine)으로 구분된다.

복수 터빈은 그림 12.13과 같이 증기 터빈 출구의 증기 배기를 복수기로 복수시킴으로써 고진공으로 하고, 증기를 터빈 내에서 충분히 팽창시켜서 증기의 열낙차를 취함으로써 발전효율을 높게 한 터빈이다. 이 형식은 전력 또는 동력만을 필요로 하는 경우에 선택되며, 배기를 복수시키는데 필요한 냉각수가 확보되어야 한다.

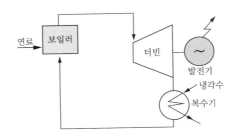

그림 12.13 **복수 터빈**

추기복수 터빈은 그림 12.14와 같이 복수 터빈의 중간단에서 증기를 추출하여 공정용 또는 그 외의 목적으로 사용하는 경우에 선택된다. 일반적으로 작업 증기량이 소용전력량에 비해 적을 때 채용된다.

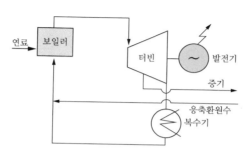

그림 12.14 **추기복수 터빈**

배압 터빈은 그림 12.15와 같이 증기 터빈의 출구 증기 배기의 절대압력을 1 kgf/cm², 즉 대기압 이상의 일정 압력으로 유지하고, 모든 배기를 각종 제조공장에서 동력만이 아니라 생산공정에서 작업용 증기를 필요로 할 경우 등에 사용된다. 또한 그림 12.16과 같이 배압 터빈 도중에 증기를 추기하여 이 추기 증기를 여열 이용의 열원으로 하는 방법도 있는데, 이 방식을 추기 배압 터빈이라 한다. 일반적으로 배압 터빈은 발생전력과 공장 소요전력과의 사이에 과부족이 생기게 되므로, 전력 및 증기의 병렬운전이 필요하다.

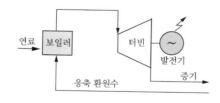

그림 12.15 **배압 터빈**

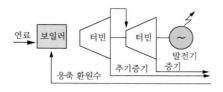

그림 12. 16 **추기배압 터빈**

# 부 록

부록 A : 단위
부록 B : 원소의 원자량 및 그리스 문자
부록 C : 각종연료 및 폐기물의 연소가스 조성

# 부록 A　　단위(Unit)

## A-1 차원과 단위

공학에서 다루는 물리적 양은 차원(dimension)을 갖는 점에서 수학에서 다루는 양과 차이가 있다. 차원이란 길이, 시간, 속도 등과 같이 측정할 수 있는 양을 말하며, 일차차원(primary dimension)과 이차차원(secondary dimension)으로 구분한다. 일차차원을 기본차원(basic dimension)이라고도 하며, 이차차원을 유도차원(derived dimension)이라고 한다. 이차차원은 일차차원의 조합에 의해 유도되는 차원이다. 예를 들면, 길이($L$)와 시간($T$)을 일차차원으로 하면 속도($V$)의 차원은 $L/T$(길이/시간)가 되며, 가속도의 차원은 $L/T^2$(길이/시간²)이 된다.

단위(unit)는 각 차원의 양을 측정하는 기준이다. 각 물리적 양은 하나의 차원만을 가지지만 여러 가지 다른 단위를 가질 수 있다. 물리적 양의 크기를 말할 때에는 항상 단위를 포함해야 하며, 서로 같은 차원을 갖는 양만을 서로 비교할 수 있다. 단위계는 크게 미터제(metric system)와 영국단위제(British unit system)로 구분되며, 각각은 다시 절대단위계(absolute unit system)와 공학단위계(technical unit system)로 구분된다. 절대단위계와 공학단위계의 주요 차이점은 질량과 힘의 단위 관계에 있다. 질량과 힘의 단위 관계는 Newton의 운동 제2법칙에 의하여 정해진다. 즉, 힘(force)을 $f$, 질량(mass)을 $m$, 가속도(acceleration)를 $a$라고 할 때, Newton의 운동법칙은 식 A.1과 같다.

$$f \propto ma \tag{A.1}$$

이때 비례상수를 $1/g_c$라고 하면 식 A.2가 된다.

$$f = \frac{1}{g_c}ma \tag{A.2}$$

여기서 상수 $g_c$의 차원은 식 A.2의 양변이 같은 차원이 되도록 결정된다.

절대단위계에서는 길이($L$), 시간($T$), 질량($M$)을 일차원으로 정하고, 힘($F$)의 차원은 이차차원으로서 식 A.2에서 $g_c=1$(무차원수)이 되도록 정해진다. 따라서 $F=MLT^{-2}$이 된다. 즉, 단위 질량에 단위 가속도를 주는 힘의 크기를 힘의 표준단위로 정한다.

공학단위는 중력단위계(gravitational unit system)라고도 하며, 길이($L$), 시간($T$), 힘($F$)을 일차원으로 하고, 질량($M$)은 이차차원이 되며, 역시 식 A.2에서 $g_c=1$이 되도록 결정된다. 따라서 $M=FT^2L^{-1}$이 된다.

또한 공학에서는 길이($L$), 시간($T$), 질량($M$) 및 힘($F$)을 모두 일차차원으로 하는 4단위계 또는 $FMLT$ 단위계를 사용하는 경우도 많다. 이 경우 힘의 표준단위는 단위질량에 표준중력가속도 $g_o$를 발생시키는 힘의 크기로 정한다. 이때 힘과 질량의 표준단위는 같은 명칭을 가지며, 이를 구별하기 위하여 질량의 단위에는 $m$을, 힘의 단위에는 $f$(force의 첫 자) 또는 $w$(weight의 첫 자)의 첨자를 붙인다. $g_c$의 차원은 $MLT^{-1}T^{-2}$이 되며, 그 값은 사용되는 단위에 따라 달라진다. 일상생활에서 질량과 무게(=중량)의 단위를 구별하지 않고 말하는 것은 4단위계를 사용하는 경우라고 할 수 있다.

공학단위(4계단위계)에서는 지구 표면에서 단위질량의 무게가 단위중량이 된다. 따라서 지구상의 공학문제를 취급함에 있어서 질량과 중량이 같은 크기를 가지므로 질량과 힘(무게)의 엄격한 구별을 하지 않는다. 즉, 우리가 "이 돌의 무게는 1킬로그램이다"라고 말할 때, 엄밀히 말하면 단위가 킬로그램중이 되어야 한다. 그러나 지구 표면에서 1 kgf의 무게를 갖는 돌의 질량은 1 kg이므로 "이 돌의 질량이 1 kg(킬로그램)이다"라고도 해석할 수 있다.

## A-2 기본단위, 보조단위 및 유도단위

SI(Standard International)단위는 길이, 질량, 시간, 전류, 온도, 광도, 물질의 양을 일차차원으로 하고 있으며, 이에 대한 표준단위를 기본단위(base units)로 한다. 기본단위는 길이(length)는 미터(meter; m), 질량(mass)은 킬로그램(kilogram; kg), 시간(time)은 초(second; s), 전류(electric current)는 암페어(ampere; A), 온도(thermodynamic temperature)는 켈빈(kelvin; K), 광도(luminous intensity)는 칸데라(candela; cd), 물질의 양(amount of substance)은 몰(mole; mol)이다.

SI단위에서는 평면각과 입체각의 두 가지 보조단위(supplementary units)를 사용하고 있다. 평면각의 표준단위는 라디안(radian; rad)이며, 원(circle)의 반지름과 같은 길이의 호(arc)에 대한 중심각의 크기로 정의되며, 입체각(solid angle)의 표준단위는 스테라디안(steradian; sr)이다. 구(sphere)의 중심을 꼭지점으로 하여 반지름의 제곱과 같은 넓이를 구면에서 잘라내는 것과 같은 입체각의 크기로 정의된다.

앞에서 정의한 기본단위와 보조단위를 조합하여 모든 물리적 양의 단위가 결정된다. 유도단위와 기본단위의 관계는 그 양의 정의와 자연법칙에 따른다. 유도단위(derived units) 중 일례를 표 A-2-1에 나타내었다. SI단위는 십진법을 따르며 용도에 따라 표 A-2-2와 같은 기호를 단위 앞에 붙여서 사용한다.

표 A-2-1 특수명칭을 가진 유도단위

| 양 | 단위명칭 | 기호 | 기본단위 또는 기타 유도 단위와의 관계 |
|---|---|---|---|
| 주파수(frequency) | 헤르츠(hertz) | Hz | $1 \text{ Hz} = 1 \text{ s}^{-1}$ |
| 힘, 역량(force) | 뉴튼(newton) | N | $1 \text{ N} = 1 \text{ kg} \cdot \text{m/s}^2$ |
| 압력(pressure), 응력(stress) | 파스칼(pascal) | Pa | $1 \text{ Pa} = 1 \text{ N/m}^2$ $= 1 \text{ kg/(m} \cdot \text{m}^2)$ |
| 에너지(energy), 일(work), 열량(quantity of heat) | 줄(joule) | J | $1 \text{ J} = 1 \text{ N} \cdot \text{m}$ $= 1 \text{ kg} \cdot \text{m}^2\text{/s}$ |

(계속)

| 양 | 단위명칭 | 기호 | 기본단위 또는 기타 유도 단위와의 관계 |
|---|---|---|---|
| 일률 또는 동력(power) | 와트(watt) | W | $1\ W = 1\ J/s$ $= 1kg \cdot m^2/s^2$ |
| 전하(electric charge), 전기량(quantity of electricity) | 쿨롱(coulomb) | C | $1\ C = 1\ A \cdot s$ |
| 캐퍼시턴스(electric capacitance) | 패럿(farad) | F | $1\ F = 1\ C/V$ $= 1\ A^2 \cdot s^4/(kg \cdot m^2)$ |
| 전기저항(electric resistance) | 옴(ohm) | $\Omega$ | $1\ \Omega = 1\ V/A$ $= 1\ kg \cdot m^2/(A^2 \cdot s^3)$ |

표 A-2-2 **십진법을 나타내는 머리말**

| 양 | 머리말 (prefix) | 기 호 |
|---|---|---|
| $10^{12}$(조) | 테라(tera) | T |
| $10^9$(십억) | 기가 또는 지가(giga) | G |
| $10^6$(백만) | 메가(mega) | M |
| $10^3$(천) | 킬로(kilo) | k |
| $10^2$(백) | 헥트(hecto) | h |
| $10$(십) | 데카(deca) | da |
| $10^{-1}$ | 데시(deci) | d |
| $10^{-2}$ | 센티(centi) | c |
| $10^{-3}$ | 밀리(milli) | m |
| $10^{-6}$ | 미크로 또는 마이크로(micro) | $\mu$ |
| $10^{-9}$ | 나노(nano) | n |
| $10^{-12}$ | 피코(pico) | p |
| $10^{-15}$ | 펨토(femto) | f |
| $10^{-18}$ | 아토(atto) | a |

　표 A-2-2의 머리말은 뒤에 붙은 단위 기호와 함께 하나의 새로운 복합단위가 되는 것으로 생각해야 된다. 즉,

$1\ cm^3 = (10^{-2}\ m)^3 = 10^{-6}\ m^3$

$1\ \mu s^{-1} = (10^{-6}\ s) - 1 = 10^6\ s^{-1}$

$1\ mm^2/s = (10^{-3}\ m)^2/s = 10^{-6}\ m^2/s$

$1\ kg/cm^3 = 1\ kg/(10^{-2}\ m)^3 = 10^6\ kg/m^3$

두 개의 머리말을 연속해서 겹쳐서 사용되는 것은 허용되지 않는다. 예를 들면, $10^{-9}$ m은 1 nm(나노미터)로 써야 하며, 1 μmm(마이크로밀리미터)로 쓰지 않는다. 질량의 단위는 kg에 머리말을 붙이지 않고 g(그램) 앞에 머리말을 붙인다. 즉 $10^3$ kg은 1 Mg(메가그램)이며 1 kkg(킬로킬로그램)으로 쓰지 않는다.

단위기호는 본문 내용의 활자에 관계없이 항상 로마체(roman type)로 써야 하며, 복수인 경우에도 변형되지 않고, 단위기호 뒤에 종지부를 찍지 않는다. 단위기호는 완전한 수치가 주어진 후에 한 칸을 띄고 쓴다. 단위기호는 항상 소문자로 써야 한다. 단위명칭이 고유명사(인명)에서 온 경우에는 첫자를 대문자로 쓴다. 예를 들면,

m    meter (미터)
s    second (초)
A    ampere (암페어)
Pa    pascal (파스칼)

등으로 쓴다.

둘 이상의 단위를 곱해서 하나의 복합단위를 만들 경우에는 다음 방법 중의 하나를 사용한다.

N · m    N.m    Nm

단 머리말과 일치되는 단위기호를 사용할 때에는 혼동을 피할 수 있도록 특별히 주의해야 한다. 예를 들면, 힘의 모멘트(torque)의 단위로 뉴튼미터를 사용할 때 Nm 또는 m · N로 써서 mN(밀리뉴튼)과 혼동되지 않도록 해야 한다.

한 단위를 다른 단위로 나누어서 하나의 복합단위를 만들 때에는 다음 방법 중의 하나를 사용한다.

$\dfrac{m}{s}$    m/s    m · $s^{-1}$

하나 이상의 사선(solidus)을 같은 선에 사용해서는 안 된다. 복잡한 경우에는 음의 역을 사용하거나 괄호를 사용한다.

표 A-2-3 절대단위계와 중력단위계의 차원비교

| 순위 | 양 | 절대단위계 | 중력단위계 | SI 단위 | 비고 |
|------|-----|-----------|-----------|--------|------|
| | 기본차원 | 질량(M)<br><br>길이(L)<br>시간(T)<br>온도($\theta$)<br>전류(C)<br>광도(I)<br>물질의 양<br>(mol) | 힘(F)<br>길이(L)<br>시간(T)<br>온도($\theta$)<br>전류(C)<br>광도(I)<br>물질의 양<br>(mol) | kg<br>N<br>m<br>s<br>K<br>A<br>cd<br><br>mol | 평면각과<br>입체각은<br>무차원이다. |
| 1 | 길이 | L | L | m | |
| 2 | 시간 | T | T | s | |
| 3 | 질량 | M | $FT^2L^{-1}$ | kg | |
| 4 | 열역학적 온도 | $\theta$ | $\theta$ | K | |
| 5 | 광도 | I | I | cd | |
| 6 | 평면각 | 무차원 | 무차원 | rad | |
| 7 | 주파수 | $T^{-1}$ | $T^{-1}$ | Hz | |
| 8 | 힘, 역량 | $MLT^{-2}$ | F | N | |
| 9 | 에너지, 일, 열량 | $ML^2T^{-2}$ | FL | J | 엔탈피, 힘의 |
| 10 | 동력, 공률 | $ML^2T^{-3}$ | $FLT^{-1}$ | W | 모멘트도 차원이 |
| 11 | 각속도 | $T^{-1}$ | $T^1$ | rad/s | 같다. 열류, 전력의 |
| 12 | 넓이 | $L^2$ | $L^2$ | $m^2$ | 차원도 같다. |
| 13 | 부피 | $L^3$ | $L^3$ | $m^3$ | |
| 14 | 면적의 2차모멘트 | $L^4$ | $L^4$ | $m^4$ | |
| 15 | 속도, 속력 | $LT^{-1}$ | $LT^{-1}$ | m/s | |
| 16 | 가속도 | $LT^{-2}$ | $LT^{-2}$ | $m/s^2$ | |
| 17 | 질량유량 | $MT^{-1}$ | $FT^{-1}$ | kg/s | 중력단위에서는 |
| 18 | (체적)유량 | $L^3T^{-1}$ | $L3T^{-1}$ | $m^3/s$ | 중량유량 |
| 19 | 밀도 | $ML^{-3}$ | $FT^{-4}$ | $kg/m^3$ | |
| 20 | 비중량 | $MT^{-2}L^{-2}$ | $FL^{-3}$ | $N/m^3$ | |

(계속)

| 순위 | 양 | 절대단위계 | 중력단위계 | SI 단위 | 비고 |
|---|---|---|---|---|---|
| 21 | 압력 | $MT^{-2}L^{-1}$ | $FL^{-2}$ | Pa | |
| 22 | 표면장력 | $MT^{-2}$ | $FL^{-1}$ | N/m | |
| 23 | 충격강도 | $MT^{-2}$ | $FL^{-1}$ | $J/m^2$ | |
| 24 | 점도(점성계수) | $ML^{-1}T^{-1}$ | $FTL^{-2}$ | $Pa \cdot s$ | |
| 25 | 동점도(동점성계수) | $L^2T^{-1}$ | $L^2T^{-1}$ | $m^2/s$ | 확산계수, 열확산계수 |
| 26 | 열용량 | $ML^2T^{-2}\theta^{-1}$ | $FL\theta^{-1}$ | J/K | 엔트로피 |
| 27 | 비열 | $L^2T^{-2}\theta^{-1}$ | $L\theta^{-1}$ | $J/(kg \cdot K)$ | 비엔트로피, 기체상수, 중력단위계에서는 단위중량당의 비열 |
| 28 | 비에너지, 비잠열 (승온열),비엔탈피 | $L^2T^{-2}$ | L | J/kg | 중력단위계에서는 단위중량당의 에너지(수두) |
| 29 | 열류밀도 | $MT^{-3}$ | $FL^{-1}T^{-1}$ | $W/m^2$ | |
| 30 | 열전도계수 (열전도율) | $MLT^{-3}\theta^{-1}$ | $FT^{-1}\theta^{-1}$ | $W/(m \cdot K)$ | |
| 31 | 열전달계수 | $MT^{-3}\theta^{-1}$ | $FT^{-1}L^{-1}\theta^{-1}$ | $W/(m^2 \cdot K)$ | |
| 32 | 물질의 양 | mol | mol | mol | |
| 33 | 몰질량 | $Mmol^{-1}$ | $Fmol^{-1}$ | kg/mol | 중력단위계에서는 몰체적 |
| 34 | 몰체적 | $L^3mol^{-1}$ | $L^3mol^{-1}$ | $m^3/mol$ | |
| 35 | 몰에너지 | $ML^2T^{-2}mol^{-1}$ | $FLmol^{-1}$ | J/mol | |
| 36 | 몰비열, 몰엔트로피 | $ML^2T^{-2}\theta^{-1}mol^{-1}$ | $FL\theta^{-1}mol^{-1}$ | $J/(mol \cdot K)$ | |
| 37 | 복사강도 | $ML^2T^{-3}$ | $FLT^{-1}$ | W/sr | |
| 38 | 에너지 푸로언스 | $MT^{-2}$ | $FL^{-1}$ | $J/m^2$ | 충격강도, 표면장력 |
| 39 | 운동량 | $MLT^{-1}$ | FT | $N \cdot s$ | 역적 |
| 40 | 각운동량 | $ML^2T^{-1}$ | FLT | $N \cdot m \cdot s$ | |
| 41 | (질량)관성모먼트 | $ML^2$ | $FLT^2$ | $kgm^2$ | |

## A-3 단위 환산표

### 표 A-3-1 길이 환산표

| cm | in | ft | yd | m |
|---|---|---|---|---|
| 1 | 0.3937 | 0.03281 | 0.01094 | 0.01 |
| 2.54 | 1 | 0.08333 | 0.02778 | 0.0254 |
| 30.48 | 12 | 1 | 0.3333 | 0.3048 |
| 91.44 | 36 | 3 | 1 | 0.9144 |
| 100 | 39.37 | 3.28084 | 1.09361 | 1 |

### 표 A-3-2 질량 환산표

| g | oz | lb | kg | ton |
|---|---|---|---|---|
| 1 | $3.5274\times10^{-2}$ | $2.2046\times10^{-3}$ | $1\times10^{-3}$ | $1\times10^{-6}$ |
| 28.3495 | 1 | $6.25\times10^{-2}$ | $2.8349\times10^{-2}$ | $2.835\times10^{-5}$ |
| 453.592 | 16 | 1 | $4.5359\times10^{-1}$ | $4.536\times10^{-4}$ |
| 1000 | 35.27396 | 2.20462 | 1 | $1\times10^{-3}$ |
| $1\times10^{6}$ | $3.5274\times10^{4}$ | 2204.62 | $1\times10^{3}$ | 1 |

### 표 A-3-3 압력 환산표

| atm | bar | $kg/cm^2$ | $lb/in^2$(psi) | $lb/f^{t2}$ | $dyne/cm^2$ |
|---|---|---|---|---|---|
| 1 | 1.01325 | 1.033227 | 14.696 | $2.1162\times10^{4}$ | $10.133\times10^{5}$ |
| 0.986923 | 1 | 1.019716 | 14.5038 | $2.0885\times10^{4}$ | $10.000\times10^{5}$ |
| 0.9678 | 0.9807 | 1 | 14.22 | 2048 | $9.807\times10^{5}$ |
| $6.805\times10^{-2}$ | $6.895\times10^{-2}$ | 0.07031 | 1 | 1440 | $6.895\times10^{4}$ |
| $4.725\times10^{-4}$ | $4.788\times10^{-4}$ | $4.882\times10^{-4}$ | $6.944\times10^{-8}$ | 1 | 478.8 |
| $9.871\times10^{-7}$ | $1.000\times10^{-6}$ | $1.02\times10^{-6}$ | $1.45\times10^{-5}$ | $2.089\times10^{-3}$ | 1 |

### 표 A-3-4 절대 점성계수($\mu$) 환산표

| p(=g/cm·s) | cp | kg/m·s | kg/m·h | lb/ft·s | kg·s/m² | lb·s/ft² | dyn·s/cm² |
|---|---|---|---|---|---|---|---|
| 1 | 100 | 0.1 | 360 | $6.72 \times 10^{-2}$ | $1.0197 \times 10^{-2}$ | $2.0886 \times 10^{-3}$ | 0.999308 |
| 0.01 | 1 | 0.001 | 3.6 | $6.72 \times 10^{-4}$ | $1.0197 \times 10^{-4}$ | $2.0886 \times 10^{-5}$ | $9.993 \times 10^{-3}$ |
| 10 | 1000 | 1 | 3600 | $6.72 \times 10^{-1}$ | $1.0197 \times 10^{-1}$ | $2.0886 \times 10^{-2}$ | 9.99308 |
| $2.778 \times 10^{-3}$ | 0.2778 | $2.778 \times 10^{-4}$ | 1 | $1.8667 \times 10^{-4}$ | $2.833 \times 10^{-5}$ | $5.801 \times 10^{-6}$ | $2.776 \times 10^{-3}$ |
| 14.881 | 1488.1 | 1.4881 | 5357 | 1 | $1.5175 \times 10^{-1}$ | $3.1081 \times 10^{-2}$ | 1.4872 |
| 98.0665 | 9806.65 | 9.80665 | 35.304 | 6.5898 | 1 | $2.0482 \times 10^{-1}$ | 98 |
| 478.8 | 47880 | 47.88 | $17.2368 \times 10^{4}$ | 32.174 | 4.8824 | 1 | 478.469 |
| 1.000692 | 100.0692 | 0.1000678 | 360.249 | $6.724 \times 10^{-2}$ | $1.0204 \times 10^{-2}$ | $2.09 \times 10^{-3}$ | 1 |

### 표 A-3-5 운동 점성계수($\nu$) 환산표

| St(=cm²/s) | cSt | m²/h | m²/s | ft²/h | ft²/s |
|---|---|---|---|---|---|
| 1 | 100 | 0.36 | 0.0001 | 3.875 | 0.00107 |
| 0.01 | 1 | $3.6 \times 10^{-3}$ | $1 \times 10^{-6}$ | $3.875 \times 10^{-2}$ | $1.076 \times 10^{-5}$ |
| 2.778 | 277.8 | 1 | $2.778 \times 10^{-4}$ | 10.764 | $2.99 \times 10^{-3}$ |
| $1 \times 10^{4}$ | $1 \times 10^{6}$ | 3600 | 1 | 38.750 | 10.7 |
| 0.25806 | 25.806 | 0.0929 | $2.5806 \times 10^{-5}$ | 1 | $2.778 \times 10^{-4}$ |
| 934.58 | 92936.8 | 334.448 | 0.09346 | 3600 | 1 |

### 표 A-3-6 열량·에너지·일 환산표

| kcal | BTU | kW·h | kg·m | ft·lb | Joule |
|---|---|---|---|---|---|
| 1 | 3.968 | $1.163 \times 10^{-3}$ | 426.9 | 3087 | 4186 |
| 0.252 | 1 | $2.93 \times 10^{-4}$ | 107.6 | 778 | 1055 |
| 860 | 3413 | 1 | $3.671 \times 10^{-5}$ | $2.655 \times 10^{6}$ | $3.6 \times 10^{6}$ |
| $2.343 \times 10^{-3}$ | $9.297 \times 10^{-3}$ | $2.724 \times 10^{-6}$ | 1 | 7.233 | 9.807 |
| $3.239 \times 10^{-4}$ | $1.285 \times 10^{-3}$ | $3.766 \times 10^{-7}$ | 0.1383 | 1 | 1.356 |
| $2.389 \times 10^{-4}$ | $9.48 \times 10^{-4}$ | $2.778 \times 10^{-7}$ | 0.10197 | 0.7376 | 1 |

표 A-3-7 동력 환산표

| kW | HP (영국마력) | PS (미터 마력) | kg · m/s | ft · lb/s | kcal/s | BTU/s |
|---|---|---|---|---|---|---|
| 1 | 1.3405 | 1.3596 | 101.97 | 737.6 | 0.2389 | 0.948 |
| 0.746 | 1 | 1.0143 | 76.07 | 550.2 | 0.1782 | 0.7072 |
| 0.7355 | 0.9859 | 1 | 75 | 542.5 | 0.1757 | 0.6973 |
| $9.807 \times 10^{-3}$ | $1.315 \times 10^{-2}$ | $1.333 \times 10^{-2}$ | 1 | 7.233 | $2.342 \times 10^{-3}$ | $9.297 \times 10^{-3}$ |
| $1.356 \times 10^{-3}$ | $1.817 \times 10^{-3}$ | $1.843 \times 10^{-3}$ | 0.1383 | 1 | $3.239 \times 10^{-4}$ | $1.285 \times 10^{-3}$ |
| 4.186 | 5.611 | 5.691 | 426.9 | 3087 | 1 | 3.968 |
| 1.055 | 1.414 | 1.434 | 107.6 | 778 | 0.252 | 1 |

# 부록 B    원소의 원자량 및 그리스 문자

## 표 B-1 대표적 원소의 원자량

| 원소명 | 기호 | 원자량 | 원소명 | 기호 | 원자량 | 원소명 | 기호 | 원자량 |
|---|---|---|---|---|---|---|---|---|
| 탄소 | C | 12 | 플루오르 | F | 19 | 칼슘 | Ca | 40 |
| 수소 | H | 1 | 브롬 | Br | 80 | 규소 | Si | 28 |
| 산소 | O | 16 | 인 | P | 31 | 티탄 | Ti | 48 |
| 질소 | N | 14 | 나트륨 | Na | 23 | 철 | Fe | 56 |
| 황 | S | 32 | 칼륨 | K | 39 | 붕소 | B | 11 |
| 염소 | Cl | 35.5 | 알루미늄 | Al | 27 | 마그네슘 | Mg | 24 |

## 표 B-2 그리스 문자

| | | | | | | | | |
|---|---|---|---|---|---|---|---|---|
| $A$ | $\alpha$ | alpha | $I$ | $\iota$ | iota | $P$ | $\rho$ | rho |
| $B$ | $\beta$ | beta | $K$ | $\kappa$ | kappa | $\Sigma$ | $\sigma$ | sigma |
| $\Gamma$ | $\gamma$ | gamma | $\Lambda$ | $\lambda$ | lambda | $T$ | $\tau$ | tau |
| $\Delta$ | $\delta$ | delta | $M$ | $\mu$ | mu | $Y$ | $\upsilon$ | upsilon |
| $E$ | $\epsilon$ | epsilon | $N$ | $\nu$ | nu | $\Phi$ | $\phi$ | phi |
| $Z$ | $\zeta$ | zeta | $\Xi$ | $\xi$ | xi | $X$ | $\chi$ | chi |
| $H$ | $\eta$ | eta | $O$ | $o$ | omicron | $\Psi$ | $\psi$ | psi |
| $\Theta$ | $\theta$ | theta | $\Pi$ | $\pi$ | pi | $\Omega$ | $\omega$ | omega |

# 부록 C  각종 연료 및 폐기물의 연소가스 조성

## 표 C-1  고체 폐기물과 액체연료의 연소가스 조성 [vol%]

| 고체 및 액체 폐기물 | | 도시[1] 쓰레기 | 건조고체[2] 슬러지 | 등유[3] | A 중유[4] | 경유[5] | 목재[6] | 신문지[7] | 양모[8] | 비단[9] |
|---|---|---|---|---|---|---|---|---|---|---|
| 조 성 % | $CO_2$ | 7.45 | 7.54 | 10.66 | 10.95 | 11.81 | 6.4 | 7.6 | 7.3 | 11.0 |
| | $O_2$ | 8.80 | 9.96 | 3.98 | 3.99 | 4.02 | 7.6 | 7.7 | 9. | 5.7 |
| | $N_2$ | 66.32 | 75.08 | 74.83 | 74.99 | 75.61 | 81.1 | 77.6 | 73.3 | 69.0 |
| | $H_2O$ | 17.42 | 7.36 | 10.52 | 10.05 | 8.5. | – | – | – | – |
| | $SO_2$ | 0.008 | 0.0998 | 0.007 | 0.019 | 0.03 | – | – | 0.1 | – |
| | $H_2S$ | – | – | – | – | – | – | – | 0.25 | – |
| | $HCl$ | 0.067 | – | – | – | – | – | – | – | – |
| | $CO$ | – | – | – | – | – | 3.5 | 6.2 | 3.1 | 3.4 |
| | $CH_4$ | – | – | – | – | – | – | – | 0.3 | 1.0 |
| | $C_2H_4O_2$[10] | – | – | – | – | – | 0.5 | – | – | – |
| | $NH_3$ | – | – | – | – | – | – | – | 2.3 | 3.9 |
| | $H_2$ | – | – | – | – | – | – | – | 0.35 | 1.3 |
| | $HCN$ | – | – | – | – | – | – | – | 2.0 | 4.4 |
| | $HC$[11] | – | – | – | – | – | 0.9 | 0.9 | 1.3 | 0.3 |
| 공기비 | | 2 | 2 | 1.25 | 1.25 | 1.25 | 1.6 | 1.6 | 1.86 | 1.4 |
| $G$ [Nm³/kg][12] | | 4.48 | 5.61 | 15.00 | 14.50 | 13.48 | – | – | – | – |
| $H_l$ [kcal/kg][13] | | 1,560 | 2,600 | 11,000 | 10,570 | 9,800 | – | – | – | – |
| $\gamma$ [kgf/Nm³][14] | | 1.24 | 1.30 | 1.30 | 1.297 | 1.304 | – | – | – | – |
| 분자량 | | 27.83 | 29.6 | 28.8 | 28.9 | 29.21 | – | – | – | – |

주 : [1] 수분=41, 회분=21, C=19.33, H=2.98, O=14.47, N=0.65, Cl= 0.51, S=0.06(wt%)

[2] C=22.67, H=3.69, S=0.8, N=1.19, O=10.77, 회분=60.88(wt%)

[3] 등유 연소 가스 조성은 표 C-5에 의함

[4] C=85, H=13, O=0.87, N=0.7, S=0.4, A=0.03(wt)

[5] C=85.26, H=10.26, S=0.7(wt%)

[6]~[9] 대판부립공업기술연구소공해 데이터 집

[10] 초산  [11] 불포화탄화수소와 포화탄화수소의 합

[12] 연소가스량  [13] 저위발열량  [14] 비중량

## 표 C-2  고분자 화합물의 연소가스 조성 [vol%]

| 고분자화합물 | | 합성고무[1] | 네오프렌고무[2] | 폐타이어[3] | 폴리에스테르[4] | 나일론[5] |
|---|---|---|---|---|---|---|
| 조성 % | $CO_2$ | 8.24 | 7.89 | 8.17 | 6.90 | 5.81 |
| | $H_2O$ | 3.70 | 4.93 | 4.21 | 4.76 | 5.32 |
| | $O_2$ | 10.14 | 10.00 | 10.27 | 11.98 | 11.98 |
| | $N_2$ | 77.83 | 75.21 | 77.27 | 76.36 | 76.88 |
| | HCl | – | 1.97 | – | – | – |
| | $SO_x$ | 0.09 | – | 0.08 | – | – |
| 공기비 | | 2.0 | 2.0 | 2.0 | 2.5 | 2.5 |
| $G$ [Nm$^3$/kg][6] | | 17.85 | 12.84 | 17.82 | 16.75 | 20.48 |
| $H_l$ [kcal/kg][7] | | 8,179 | 6,040 | 8,200 | 6,500 | 7,340 |
| $\gamma$ [kgf/Nm$^3$][8] | | 1.31 | 1.31 | 1.31 | 1.30 | 1.29 |
| 분자량 | | 29.40 | 29.35 | 29.343 | 29.12 | 28.89 |

주 :  [1]  니트릴고무=65.55,  인산에스테르=5.25,  아연화=3.25,  카본블랙=23.0,  스테아린산=0.65,
촉진제로서=2.30(wt%)

[2]  $C_8H_{10}Cl_2$

[3]

| 조성 | C | H | O | S | N | Fe | Ze |
|---|---|---|---|---|---|---|---|
| wt% | 78 | 6.7 | 1.9 | 1.9 | 1.1 | 9.3 | 1.1 |

[4]

| 조성 | 이소트탈산 $C_8H_6Cl_4$ | 말레산 $C_4H_4Cl_4$ | 에틸렌글리콜 $C_2H_6Cl_2$ | 프로필렌글리콜 $C_3H_8Cl_2$ | 스티렌 $C_8H_8$ |
|---|---|---|---|---|---|
| wt% | 13 | 19.5 | 16.25 | 16.25 | 35 |

[5]  $N_2C_{12}H_{22}O_2$ (폴리아미드 6-6)

[1]~[5]  첨가제, 안정제 등 생략

[6]  연소 가스량

[7]  저위 발열량

[8]  비중량

표 C-3 고분자 화화물의 연소가스 조성 [vol%]

| 고분자화합물 | | FRP[1] | ABS[2] | AS[3] | 발전보일러[4] 배기가스 | 소결로[5] 배기가스 |
|---|---|---|---|---|---|---|
| 조성 % | $CO_2$ | 6.90 | 6.26 | 6.47 | 12.0 | 5.0 |
| | $H_2O$ | 4.70 | 3.67 | 3.29 | 10.5 | 9.0 |
| | $O_2$ | 12.99 | 12.39 | 12.40 | 5.0 | 15.0 |
| | $N_2$ | 76.41 | 77.68 | 77.84 | 72.4 | 70.9 |
| | $SO_x$ | – | – | – | 0.11 | 0.1 |
| 공기비 | | 2.5 | 2.5 | 2.5 | – | – |
| $G$ [$Nm^3/kg$][11] | | – | 24.65 | 22.70 | – | – |
| $H_l$ [kcal/kg][12] | | 4,000 | 9,100 | 8,400 | – | – |
| $\gamma$ [$kgf/Nm^3$][13] | | 1.30 | 1.30 | 1.30 | – | – |
| 분자량 | | 29.13 | 29.15 | 29.22 | – | – |
| 고분자화합물 | | 폴리에틸렌[6] | 폴리프로필렌[7] | 폴리스티렌[8] | 폴리염화비닐[9] | 염화비닐리덴[10] |
| 조성 % | $CO_2$ | 5.45 | 5.30 | 6.6 | 6.42 | 7.54 |
| | $H_2O$ | 5.45 | 5.37 | 3.3 | 3.21 | 1.26 |
| | $O_2$ | 12.26 | 11.99 | 12.4 | 12.03 | 12.20 |
| | $N_2$ | 76.84 | 77.34 | 77.7 | 75.13 | 76.49 |
| | HCl | – | – | – | 3.21 | 2.51 |
| 공기비 | | 2.5 | 2.5 | 2.5 | 2.5 | 2.5 |
| $G$ [$Nm^3/kg$][11] | | 29.37 | 29.61 | 26.0 | 11.36 | 12.39 |
| $H_l$ [kcal/kg][12] | | 10,900 | 10,900 | 9,573 | 4,417 | 4,400 |
| $\gamma$ [$kgf/Nm^3$][13] | | 1.286 | 1.288 | 1.305 | 1.314 | 1.329 |
| 분자량 | | 28.82 | 28.81 | 29.24 | 29.46 | 29.80 |

주 : [1]

폴리에스테르=58%
유리, $TiO_2$=42%
$\left.\begin{array}{}\end{array}\right\}=$ 이소프탈산=7.3, 말레산=11.0, 에틸렌글리콜=9.0, 프로필렌글리콜=8.5, 스티렌=20.0, 비스페놀=1.0 유리=25.0, $TiO_2$=18.2(wt)%

[2] 아크릴로니트릴=30, 부타디엔=30, 스티렌=40(wt%)

[3] 아크릴로니트릴=50, 부타디엔=50(wt%)

[4], [5] 대판부립공업기술연구소공해 데이터 집

[6] $(C_2H_4)_n$  [7] $(C_3H_6)_n$  [8] $(C_8H_8)_n$  [9] $C_2H_3Cl$  [10] $C_6H_6Cl_2$

이상 어느 것도 회분=0.5, 수분=0.5[wt%] 상징

[1]~[10] 첨가제, 안정제 등 생략  [11] 연소가스량  [12] 저위발열량  [13] 비중량

표 C-4 **폐플라스틱류의 연소가스 조성 [vol%]**

| 폐플라스틱류 | | 폴리우레탄[1] | 트리클렌[2] | 폴리카보네이트[3] | 발포 스티롤[4] |
|---|---|---|---|---|---|
| 조성 % | $CO_2$ | 6.22 | 7.66 | 7.31 | 6.30 |
| | $H_2O$ | 7.26 | – | 3.20 | 3.60 |
| | $O_2$ | 11.76 | 11.49 | 12.31 | 12.01 |
| | $N_2$ | 74.76 | 73.21 | 77.18 | 78.09 |
| | $Cl_2$ | – | 3.82 | – | – |
| | HCl | – | 3.82 | – | – |
| 공기비 | | 2.5 | 2.5 | 2.5 | 2.5 |
| $G$ [Nm$^3$/kg][5] | | 12.14 | 4.5 | 20.6 | 26.64 |
| $H_l$ [kcal/kg][6] | | 3,997 | 1,477 | 6,821 | 9,751 |
| $\gamma$ [kgf/Nm$^3$][7] | | 1.283 | 1.41 | 1.309 | 1.305 |
| 분자량 | | 28.51 | 31.67 | 29.36 | 29.15 |

주 : [1] $(NH_7C_3O_2)_n$  [2] $C_2HCl_3$  [3] $C_{16}H_{14}O_3$  [4] $C_8H_9$

[1]~[4] 첨가제, 안정제 등 생략

[5] 연소가스량

[6] 저위발열량

[7] 비중량

표 C-5 **등유[1] 연소가스 조성 [vol%]**

| vol% | 공기비 | $m=1$ | 1.1 | 1.2 | 1.25 | 1.3 | 1.4 | 1.5 | 1.6 | 1.8 |
|---|---|---|---|---|---|---|---|---|---|---|
| 조성 % | $CO_2$ | 13.16 | 12.03 | 11.08 | 10.66 | 10.27 | 9.57 | 8.96 | 8.43 | 7.53 |
| | $SO_2$ | 0.009 | 0.008 | 0.008 | 0.007 | 0.007 | 0.0067 | 0.0063 | 0.0059 | 0.0053 |
| | $O_2$ | – | 1.8 | 3.31 | 3.98 | 4.60 | 5.72 | 6.69 | 7.55 | 8.99 |
| | $N_2$ | 73.85 | 74.29 | 74.66 | 74.83 | 74.98 | 75.25 | 75.49 | 75.70 | 76.06 |
| | $H_2O$ | 12.98 | 11.87 | 10.94 | 10.52 | 10.14 | 9.45 | 8.85 | 8.32 | 7.43 |
| 연소 가스량 [Nm$^3$/kg] | | 12.16 | 13.30 | 14.44 | 15.00 | 15.57 | 16.71 | 17.85 | 19.99 | 21.26 |

주 : [1] 등유 원소 조성(wt%)

| C | H | S | W | A | N |
|---|---|---|---|---|---|
| 85.7 | 14.1 | 0.16 | 0.004 | 0.003 | 0.033 |

C : 탄소  S : 황  A : 회분
H : 수소  W : 수분 N : 질소

표 C-6 기체연료의 연소가스 조성 [vol%]

| 기체연료 | | 천연가스[1] LNG | 액화석유가스[2] LPG | 프로판 $C_3H_8$ | 고로가스[3] | 도시가스[4] |
|---|---|---|---|---|---|---|
| 조성 % | $CO_2$ | 8.43 | 10.0 | 9.8 | 22.6 | 9.6 |
| | $O_2$ | 3.23 | 3.2 | 3.3 | 1.7 | 3.4 |
| | $N_2$ | 72.85 | 73.7 | 73.8 | 74.5 | 70.2 |
| | $H_2O$ | 15.47 | 13.1 | 13.1 | 1.2 | 16.8 |
| 공기비 | | 1.2 | 1.2 | 1.2 | 1.2 | 1.2 |
| $G$ [Nm$^3$/kg][5] | | 14.22 | 33.17 | 30.56 | 1.68 | 6.58 |
| $H_o$ [kcal/Nm$^3$][6] | | $11\times10^3$ | $25.9\times10^3$ | $25.1\times10^3$ | 900 | $\sim5\times10^3$ |
| $H_l$ [kcal/kg][7] | | 9,931 | $23.8\times10^3$ | $23.2\times10^3$ | – | $\sim4.5\times10^3$ |
| 분자량 | | 27.93 | 28.42 | 28.39 | 31.56 | 27.99 |
| 기체연료 | | 아세틸렌 $C_2H_2$ | 일산화탄소 CO | 에탄 $C_2H_6$ | 에틸렌 $C_2H_4$ | 메탄 $CH_4$ |
| 조성 % | $CO_2$ | 13.53 | 29.80 | 9.30 | 11.02 | 8.05 |
| | $O_2$ | 3.38 | 2.98 | 3.26 | 3.31 | 3.22 |
| | $N_2$ | 76.32 | 67.22 | 73.49 | 74.65 | 72.63 |
| | $H_2O$ | 6.77 | – | 13.95 | 11.02 | 16.10 |
| 공기비 | | 1.2 | 1.2 | 1.2 | 1.2 | 1.2 |
| $G$ [Nm$^3$/kg][5] | | 14.78 | 3.36 | 21.50 | 18.15 | 12.42 |
| $H_o$ [kcal/Nm$^3$][6] | | $13.86\times10^3$ | 3020 | $16.85\times10^3$ | $15.15\times10^3$ | $9.52\times10^3$ |
| $H_l$ [kcal/kg][7] | | $13.38\times10^3$ | 3,020 | $15.38\times10^3$ | $14.19\times10^3$ | $8.56\times10^3$ |
| 분자량 | | 29.62 | 32.89 | 28.22 | 28.79 | 27.81 |

주 : [1] $CH_4$=90, $C_3H_8$=10 조성(wt%) 예

[2]

| 조성예 | $C_2H_6$ | $C_3H_8$ | $C_4H_{10}$ | $C_5H_{12}$ | $C_6H_{14}$ |
|---|---|---|---|---|---|
| vol % | 8.68 | 53.37 | 34.73 | 2.38 | 0.84 |

[3]

| 조성예 | $H_2$ | CO | $CO_2$ | $N_2$ |
|---|---|---|---|---|
| vol % | 2 | 27 | 11 | 60 |

[4]

| 조성예 | $H_2$ | CO | $CH_4$ | $C_2H_6$ | $C_3H_8$ | CO | $O_2$ | $N_2$ |
|---|---|---|---|---|---|---|---|---|
| vol % | 37.2 | 4.6 | 26.7 | 4.4 | 2.2 | 10.1 | 2.1 | 12.7 |

[5] 연소가스량

[6] 고위발열량

[7] 비중량

## ㄱ

가연범위  28
가연한계  28
강열감량  97
건류  17
건성가스  16
결합수분  23
고로가스  18
고발열량  71
고유수분  23
급냉  184
기폭온도  27

## ㄷ

다이옥신  177
단단연소  89
당량비  60
도시가스  18
등가 독성 계수  178

## ㅂ

바닥재  175
발열량  71
발화(점화)온도  27
복수단연소  89
부분산화  17
부분예혼합연소  31
부착수분  23
부하의 변동범위  15
분배판  149

## 분해연소  38, 90

분해연소  38, 90
비산재  175
비정상연소  26, 27
비중  19

## ㅅ

사전분리  181
석탄 가스화 연료  17
스토커  121
슬래그  148
슬래깅  176
습성가스  16
3T  137, 182

## ㅇ

액화석유가스  16
연료  174
연료과잉 포켓  183
연소속도  29
연소온도  25, 27
열병합 발전  210
열분해법  17
열적  174
예혼합연소  31
오일가스  17
온도변화  131
유동점  20
유동층 소각로  149
인화온도  25, 27
인화점  20

ㅈ

잔류탄소  20
잔존가격  206
재순환영역  143
저발열량  71
전산유체  185
전산유체해석  142
점도  19
정상연소  26, 27
조연제  21
증발연소  38, 89
증발잠열  23

ㅊ

착화  24, 28
착화온도  25, 33
착화점  19
천연가스  16
촤  191

ㅋ

클링커  148, 176

ㅌ

타르  191
탄화도  23
통기저항  130

ㅍ

파울링  176
폭발  27
폭발범위  28
표면연소  38, 90
퓨란  177

ㅎ

확산연소  31, 33
회분 및 불순물  20

# 연소와 에너지

2017년 01월 25일 제1판 1쇄 인쇄 | 2017년 01월 31일 제1판 1쇄 펴냄
지은이 전영남 | 펴낸이 류원식 | 펴낸곳 **청문각출판**

편집팀장 우종현 | 본문편집 이투이디자인 | 표지디자인 유선영 | 제작 김선형
홍보 김은주 | 영업 함승형·박현수·이훈섭 | 인쇄 영프린팅 | 제본 한진제본
주소 (10881) 경기도 파주시 문발로 116(문발동 536-2) | 전화 1644-0965(대표)
팩스 070-8650-0965 | 등록 2015. 01. 08. 제406-2015-000005호
홈페이지 www.cmgpg.co.kr | E-mail cmg@cmgpg.co.kr
ISBN 978-89-6364-301-4 (93530) | 값 15,700원